数据中国"百校工程"项目系列教材

数据科学与大数据技术专业系列规划教材

NoSQL
数据库原理与应用

王爱国 许桂秋 ◉主编

曾静 黄潮 张军 陈建强 刘军 ◉副主编

BIG DATA
Technology

人民邮电出版社

北 京

图书在版编目（CIP）数据

NoSQL数据库原理与应用 / 王爱国，许桂秋主编. -- 北京 : 人民邮电出版社，2019.4（2024.6重印）
数据科学与大数据技术专业系列规划教材
ISBN 978-7-115-50350-3

Ⅰ. ①N⋯ Ⅱ. ①王⋯ ②许⋯ Ⅲ. ①关系数据库系统—教材 Ⅳ. ①TP311.132.3

中国版本图书馆CIP数据核字(2019)第022495号

内 容 提 要

　　本书系统全面地介绍了 NoSQL 数据库的理论、技术与开发方法。

　　全书共 9 章，主要内容包括 NoSQL 数据库的发展历程以及它与传统关系型数据库相比所具有的优势、HBase 分布式数据库技术的原理与实践、MongoDB 分布式数据库技术的原理和实践、Memcached 和 Redis 技术、NewSQL 数据库技术，以及 MongoDB 和 HBase 数据库技术的综合实验。

　　本书适合作为高校 NoSQL 数据库技术课程的教材。

◆ 主　　编　王爱国　许桂秋
　　副主编　曾　静　黄　潮　张　军　陈建强　刘　军
　　责任编辑　张　斌
　　责任印制　陈　犇

◆ 人民邮电出版社出版发行　　北京市丰台区成寿寺路 11 号
　　邮编　100164　电子邮件　315@ptpress.com.cn
　　网址　http://www.ptpress.com.cn
　　北京天宇星印刷厂印刷

◆ 开本：787×1092　1/16
　　印张：13　　　　　　　　　　　2019 年 4 月第 1 版
　　字数：263 千字　　　　　　　　2024 年 6 月北京第 13 次印刷

定价：55.00 元

读者服务热线：**(010)81055256**　印装质量热线：**(010)81055316**
反盗版热线：**(010)81055315**
广告经营许可证：京东市监广登字 20170147 号

前　言

数据是当今世界最有价值的资产之一。在大数据时代，人们生产、收集数据的能力大大提升。但是传统的关系型数据库在可扩展性、数据模型和可用性方面已远远不能满足当前的数据处理需求，因此，各种 NoSQL 数据库系统应运而生。NoSQL 数据库不像关系型数据库那样都有相同的特点，遵循相同的标准。NoSQL 数据库类型多样，可满足不同场景的应用需求，因此取得了巨大的成功。

NoSQL 数据库基本理念是以牺牲事务机制和强一致性机制，来获取更好的分布式部署能力和横向扩展能力，创造出新的数据模型，使其在不同的应用场景下，对特定业务数据具有更强的处理性能。

本书共 9 章，通过介绍 NoSQL 数据库的分布式架构、数据模型、数据原理等，让读者能够理解 NoSQL 数据库的特点，并在具体的应用场景中选择合适的数据库。通过学习 HBase 和 MongoDB 的数据操作方法以及编程方法，读者将学会在实际应用中运用这些原理。

本书建议安排教学课时为 64 学时，教师可根据学生的接受能力以及高校的培养方案选择教学内容。

本书中的部分实践内容由朱晨楠、王志鹏、张蓓蓓、熊福棚、李学博、陈冲、杨瑞和王永等同学实际操作验证通过，在此对他们表示感谢！

由于编者的能力和水平有限，写作时间仓促，书中难免存在疏漏或欠妥之处，恳请读者批评指正。

编　者
2019 年 1 月

目　录

第1章
绪论

数据管理经历了人工管理、文件系统、数据库系统三个阶段。人工管理阶段和文件系统阶段的数据共享性差，冗余度较高，数据库系统的出现解决了这两方面的问题。但是随着互联网技术的发展，数据库系统管理的数据及其应用环境发生了很大的变化，主要表现为应用领域越来越广泛，数据种类越来越复杂和多样，而且数据量剧增。在大数据时代的场景下，传统的关系型数据库已无法满足用户需求，NoSQL 数据库应运而生。本章首先介绍数据库的基本概念，然后分析关系型数据库在数据存储和管理上存在的问题，在此基础上引出 NoSQL 数据库，并重点将关系型数据库与 NoSQL 数据库的技术特点做对比，分析 NoSQL 数据库处理数据的优势，最后介绍几种比较常用的 NoSQL 数据库。

本章涉及一些数据库原理的知识，已具备这些知识的读者可有选择地学习。

本章的重点内容如下。

（1）数据库系统。

（2）分布式数据库的数据管理。

（3）ACID 与 BASE。

（4）NoSQL 数据库分类。

1.1 数据库系统

在信息化社会，充分有效地管理和利用各类信息资源，是进行科学研究和决策管理的前提条件。数据库技术是管理信息系统、办公自动化系统、决策支持系统等各类信息系统的核心部分，是进行科学研究和决策管理的重要技术手段。

1.1.1　数据库系统的基本概念

数据库技术是研究数据库的结构、存储、设计、管理和使用的一门科学。数据库系统（Database System，DBS）是采用数据库技术的计算机系统，它是由计算机硬件、软件和数据资源组成的系统，能实现有组织地、动态地存储大量关联数据，并方便多用户访问。数据库系统由用户、数据库应用程序、数据库管理系统（DataBase Management System，DBMS）和数据库（Database，DB）组成，如图 1-1 所示。

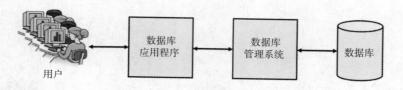

图 1-1　数据库系统

1.　数据库

数据库是长期存储在计算机内的、有组织的、统一管理的、可以表现为多种形式的、可共享的数据集合。这里"共享"是指数据库中的数据，可为多个不同的用户、使用多种不同的语言、为了不同的目的而同时存取，甚至同一数据也可以同时存取；"集合"是指某特定应用环境中的各种应用的数据及其之间的联系全部集中按照一定的结构形式进行存储。数据库中的数据按一定的数据模型组织、描述和存储，具有较小的冗余度、较高的数据独立性和易扩展性，并可为各种用户所共享。

在数据库技术中，用数据模型（Data Model）的概念描述数据库的结构和语义，对现实世界的数据进行抽象。数据库根据不同的逻辑模型可分成三种：层次型、网状型和关系型。

（1）层次型数据模型

早期的数据库多采用层次型数据模型，称为层次型数据库，如图 1-2 所示，它用树形（层次）结构表示实体类型及实体间的联系。在这种树形结构中，数据按自然的层次关系组织起来，以反映数据之间的隶属关系，树中的节点是记录类型，每个非根节点都只有一个父节点，而父节点可同时拥有多个子节点，父节点和子节点的联系是 1：N 的联系。正因为层次型数据模型的构造简单，在多数的实际问题中，数据间关系如果简单地通过树形结构表示，则会造成数据冗余度过高，所以层次型数据模型逐渐被淘汰。

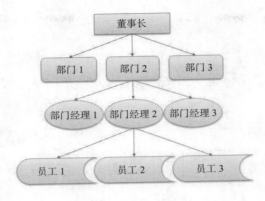

图 1-2　层次型数据库

（2）网状型数据模型

采用网状型数据模型的数据库称为网状型数据库，通过网络结构表示数据间联系，如图 1-3 所示。图中的节点代表数据记录，连线描述不同节点数据间的联系。这种数据模型的基本特征是，节点数据之间没有明确的从属关系，一个节点可与其他多个节点建立联系，即节点之间的联系是任意的；任何两个节点之间都能发生联系，可表示多对多的关系。在网状型数据模型中，数据节点之间的关系比较复杂，而且随着应用范围的扩展，数据库的结构变得越来越复杂，不利于用户掌握。

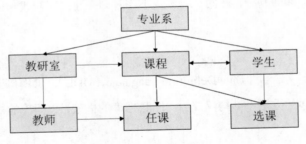

图 1-3　网状型数据库

（3）关系型数据模型

关系型数据模型开发较晚。1970 年，IBM 公司的研究员埃德加·弗兰克·科德（Edgar Frank Codd）在 *Communication of the ACM* 上发表了一篇名为 *A Relational Model of Data for Large Shared Data Banks* 的论文，提出了关系型数据模型的概念，奠定了关系型数据模型的理论基础。它是通过满足一定条件的二维表格来表示实体集合以及数据间联系的一种模型，如图 1-4 所示，学生、课程和教师是实体集合，选课和任课是实体间的联系，实体和实体间的联系均通过二维表格来描述。关系型数据模型具有坚实的数学基础与理论基础，使用灵活方便，适应面广，因此发展十分迅速。目前流行的一些数据库系统，如 Oracle、Sybase、Ingress、Informix 等都属于关系型数据库。

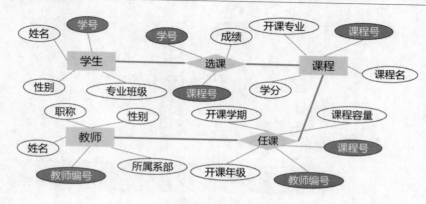

图 1-4 关系型数据库

2. 数据库管理系统

数据库管理系统（DBMS）是一种操纵和管理数据库的大型软件，用于建立、使用和维护数据库。DBMS 是一个庞大且复杂的产品，几乎都是由软件供应商授权提供的，如 Oracle 公司的 Oracle 和 MySQL、IBM 公司的 DB2、Microsoft 公司的 Access 和 SQL Server，这些 DBMS 占据了大部分的市场份额。

DBMS 对数据库进行统一管理和控制，以保证数据库的安全性和完整性。用户通过 DBMS 访问数据库中的数据，数据库管理员也通过 DBMS 进行数据库的维护工作。DBMS 允许多个应用程序或多个用户使用不同的方法，在同一时刻或不同时刻去建立、修改和询问数据库。DBMS 的主要功能如下。

（1）数据定义

DBMS 提供数据定义语言（Data Definition Language，DDL），供用户定义、创建和修改数据库的结构。DDL 所描述的数据库结构仅仅给出了数据库的框架，数据库的框架信息被存放在系统目录中。

（2）数据操纵

DBMS 提供数据操纵语言（Data Manipulation Language，DML），实现用户对数据的操纵功能，包括对数据库数据的插入、删除、更新等操作。

（3）数据库的运行管理

DBMS 提供数据库的运行控制和管理功能，包括多用户环境下的事务的管理和自动恢复、并发控制和死锁检测、安全性检查和存取控制、完整性检查和执行、运行日志的组织管理等。这些功能保证了数据库系统的正常运行。

（4）数据组织、存储与管理

DBMS 要分类组织、存储和管理各种数据，就需要确定以何种文件结构和存取方式来组织这些数据，实现数据之间的联系。数据组织和存储的基本目标是提高存储空间的利用率，选择合适的存取方法提高存取效率。

（5）数据库的维护

数据库的维护包括数据库的数据载入、转换、转储、恢复，数据库的重组织和重构，以及性能监控分析等功能，这些功能分别由各个应用程序来完成。

（6）通信

DBMS 有接口负责处理数据的传送。这些接口与操作系统的联机处理以及分时系统和远程作业输入相关。网络环境下的数据库系统还应该包括 DBMS 与网络中其他软件系统的通信功能以及数据库之间的互操作功能。

DBMS 是数据库系统的核心，是管理数据库的软件。DBMS 是实现把用户视角下的、抽象的逻辑数据处理，转换成为计算机中具体的物理数据处理的软件。有了 DBMS，用户可以在抽象意义下处理数据，而不必考虑这些数据在计算机中的布局和物理位置。

3. 应用程序

数据库系统还包括数据库应用程序。应用程序最终是面向用户的，用户可以通过应用程序输入和处理数据库中的数据。例如，在学校选课系统中，管理员用户可以创建课程信息，学生用户可以修改课程信息，应用程序将这些操作提交给 DBMS，由 DBMS 将这种用户级别的操作转化成数据库能识别的 DDL。应用程序还能够处理用户的查询，比如学生查询星期一有哪些课程，应用程序首先生成一个课程查询请求，并发送给 DBMS，DBMS 从数据库中查询结果并格式化后返回给用户。

1.1.2 关系型数据库

关系型数据库建立在关系型数据模型的基础上，是借助于集合代数等数学概念和方法来处理数据的数据库。现实世界中的各种实体以及实体之间的各种联系均可用关系模型来表示，市场上占很大份额的 Oracle、MySQL、DB2 等都是面向关系模型的 DBMS。

1. 关系型数据库基本概念

在关系型数据库中，实体以及实体间的联系均由单一的结构类型来表示，这种逻辑结构是一张二维表。图 1-4 所示的学生选课系统中，实体和实体间联系在数据库中的逻辑结构可通过图 1-5 所示。

关系型数据库以行和列的形式存储数据，这一系列的行和列被称为表，一组表组成了数据库。图 1-6 所示的员工信息表就是关系型数据库。

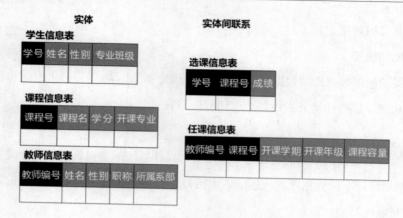

图 1-5 学生选课系统数据库逻辑结构

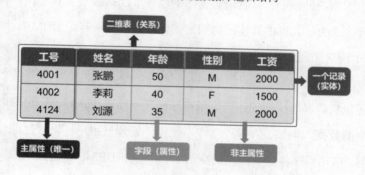

图 1-6 员工信息表

（1）二维表：也称为关系，它是一系列二维数组的集合，用来代表与存储数据对象之间的关系。它由纵向的列和横向的行组成。

（2）行：也叫元组或记录，在表中是一条横向的数据集合，代表一个实体。

（3）列：也叫字段或属性，在表中是一条纵行的数据集合。列也定义了表中的数据结构。

（4）主属性：关系中的某一属性组，若它们的值唯一地标识一个记录，则称该属性组为主属性或主键。主属性可以是一个属性，也可以由多个属性共同组成。在图 1-5 中，学号是学生信息表的主属性，但是课程信息表中，学号和课程号共同唯一地标识了一条记录，所以学号和课程号一起组成了课程信息表的主属性。

2. 结构化查询语言

关系型数据库的核心是其结构化的查询语言（Structured Query Language，SQL），SQL 涵盖了数据的查询、操纵、定义和控制，是一个综合的、通用的且简单易懂的数据库管理语言。同时 SQL 又是一种高度非过程化的语言，数据库管理者只需要指出做什么，而不需要指出该怎么做即可完成对数据库的管理。SQL 可以实现数据库全生命周期的所有操作，所以 SQL 自产生之日起就成了检验关系型数据库管理能力的"试金石"，SQL 标准的每一次变更和完善都引导着关系型数据库产品的发展方向。SQL 包含以下四个部分。

（1）数据定义语言（DDL）

DDL 包括 CREATE、DROP、ALTER 等动作。在数据库中使用 CREATE 来创建新表，DROP 来删除表，ALTER 负责数据库对象的修改。例如，创建学生信息表使用以下命令：

```
CREATE TABLE StuInfo(id int(10) NOT NULL,PRIMARY KEY(id),name
varchar(20),female bool,class varchar(20));
```

（2）数据查询语言（Data Query Language，DQL）

DQL 负责进行数据查询，但是不会对数据本身进行修改。DQL 的语法结构如下：

```
SELECT FROM 表名1，表2
where 查询条件 #可以组合 and、or、not、=、between、and、in、like 等；
group by 分组字段
having(分组后的过滤条件)
order by 排序字段和规则；
```

（3）数据操纵语言（Data Manipulation Language，DML）

DML 负责对数据库对象运行数据访问工作的指令集，以 INSERT、UPDATE、DELETE 三种指令为核心，分别代表插入、更新与删除。向表中插入数据命令如下：

```
INSERT 表名 (字段1,字段2,……,字段n,) VALUES (字段1值,字段2值,……,字段n值)
 where 查询条件；
```

（4）数据控制语言（Data Control Language，DCL）

DCL 是一种可对数据访问权进行控制的指令。它可以控制特定用户账户对查看表、预存程序、用户自定义函数等数据库操作的权限，由 GRANT 和 REVOKE 两个指令组成。DCL 以控制用户的访问权限为主，GRANT 为授权语句，对应的 REVOKE 是撤销授权语句。

3. 关系型数据库的优缺点

关系型数据库已经发展了数十年，其理论知识、相关技术和产品都趋于完善，是目前世界上应用最广泛的数据库系统。

（1）关系型数据库的优点

① 容易理解：二维表结构非常贴近逻辑世界的概念，关系型数据模型相对层次型数据模型和网状型数据模型等其他模型来说更容易理解。

② 使用方便：通用的 SQL 使用户操作关系型数据库非常方便。

③ 易于维护：丰富的完整性大大减少了数据冗余和数据不一致的问题。关系型数据库提供对事务的支持，能保证系统中事务的正确执行，同时提供事务的恢复、回滚、并发控制和死锁问题的解决。

（2）关系型数据库的缺点

随着各类互联网业务的发展，关系型数据库难以满足对海量数据的处理需求，存在以下不足。

① 高并发读写能力差：网站类用户的并发性访问非常高，而一台数据库的最大连接数有限，且硬盘 I/O 有限，不能满足很多人同时连接。

② 对海量数据的读写效率低：若表中数据量太大，则每次的读写速率都将非常缓慢。

③ 扩展性差：在一般的关系型数据库系统中，通过升级数据库服务器的硬件配置可提高数据处理的能力，即纵向扩展。但纵向扩展终会达到硬件性能的瓶颈，无法应对互联网数据爆炸式增长的需求。还有一种扩展方式是横向扩展，即采用多台计算机组成集群，共同完成对数据的存储、管理和处理。这种横向扩展的集群对数据进行分散存储和统一管理，可满足对海量数据的存储和处理的需求。但是由于关系型数据库具有数据模型、完整性约束和事务的强一致性等特点，导致其难以实现高效率的、易横向扩展的分布式架构。

1.1.3　NoSQL 数据库的特点

NoSQL 数据库最初是为了满足互联网的业务需求而诞生的。互联网数据具有大量化、多样化、快速化等特点。在信息化时代背景下，互联网数据增长迅猛，数据集合规模已实现从 GB、PB 到 ZB 的飞跃。数据不仅仅是传统的结构化数据，还包含了大量的非结构化和半结构化数据，关系型数据库无法存储此类数据。因此，很多互联网公司着手研发新型的、非关系型的数据库，这类非关系型数据库统称为 NoSQL 数据库，其主要特点如下。

1. 灵活的数据模型

互联网数据如网站用户信息、地理位置数据、社交图谱、用户产生的内容、机器日志数据以及传感器数据等，正在快速改变着人们的通信、购物、广告、娱乐等日常生活，没有使用这些数据的应用很快就会被用户所遗忘。开发者希望使用非常灵活的数据库，容纳新的数据类型，并且不会被第三方数据提供商的数据结构变化所影响。关系型数据库的数据模型定义严格，无法快速容纳新的数据类型。例如，若要存储客户的电话号码、姓名、地址、城市等信息，则 SQL 数据库需要提前知晓要存储的是什么。这对于敏捷开发模式来说十分不方便，因为每次完成新特性时，通常都需要改变数据库的模式。NoSQL 数据库提供的数据模型则能很好地满足这种需求，各种应用可以通过这种灵活的数据模型存储数据而无须修改表；或者只需增加更多的列，无须进行数据的迁移。

2. 可伸缩性强

对企业来说，关系型数据库一开始是普遍的选择。然而，在使用关系型数据库的过程中却遇到了越来越多的问题，原因在于它们是中心化的，是纵向扩展而不是横向扩展的。这使得它们不适合那些需要简单且动态可伸缩性的应用。NoSQL 数据库从一开始就是分布式、横向扩展的，因此非常适合互联网应用分布式的特性。在互联网应用中，当数据库服务器无法满足数据存储和数据访问的需求时，只需要增加多台服务器，将用户请求分散到多台服务器上，即可减少单台服务器的性能瓶颈出现的可能性。

3. 自动分片

由于关系型数据库存储的是结构化的数据，所以通常采用纵向扩展，即单台服务器要持有整个数据库来确保可靠性与数据的持续可用性。这样做的代价是非常昂贵的，而且扩展也会受到限制。针对这种问题的解决方案就是横向扩展，即添加服务器而不是扩展单台服务器的处理能力。NoSQL 数据库通常都支持自动分片，这意味着它们会自动地在多台服务器上分发数据，而不需要应用程序增加额外的操作。

4. 自动复制

NoSQL 数据库支持自动复制。在 NoSQL 数据库分布式集群中，服务器会自动对数据进行备份，即将一份数据复制存储在多台服务器上。因此，当多个用户访问同一数据时，可以将用户请求分散到多台服务器中。同时，当某台服务器出现故障时，其他服务器的数据可以提供备份，即NoSQL 数据库的分布式集群具有高可用性与灾备恢复的能力。

1.2 分布式数据库的数据管理

大数据需要通过分布式的集群方式来解决存储和访问的问题。本节将从分布式的角度来介绍数据库的数据管理。分布式系统的核心理念是让多台服务器协同工作，完成单台服务器无法处理的任务，尤其是高并发或者大数据量的任务。分布式数据库是数据库技术与网络技术相结合的产物，它通过网络技术将物理上分开的数据库连接在一起，进行逻辑层面上的集中管理。在分布式数据库系统中，一个应用程序可以对数据库进行透明操作，数据库中的数据分别存储在不同的局部数据库中，由不同机器上不同的 DBMS 进行管理。分布式数据库的体系结构如图 1-7 所示。

1.2.1 分布式数据处理

分布式数据处理使用分而治之的办法来解决大规模数据管理问题。它处理数据的基本特点如下。

1. 分布的透明管理

在分布式系统中，数据不是存储在一个场地上，而是存储在计算机网络的多个场地上。但逻辑上是一个整体，它们被所有用户共享，并由一个 DBMS 统一管理。用户访问数据时无须指出数据存放在哪里，也不需要知道由分布式系统中的哪台服务器来完成。

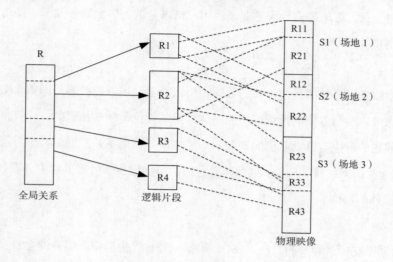

图 1-7　分布式数据处理体系结构

2. 复制数据的透明管理

分布式数据的复制有助于提高性能，更易于协调不同而又冲突的用户需求。同时，当某台服务器出现故障时，此服务器上的数据在其他服务器上还有备份，提高了系统的可用性。这种多副本的方式对用户来说是透明的，即用户不需要知道副本的存在，由系统统一管理、协调副本的调用。

3. 事务的可靠性

分布式数据处理具有重复的构成，因此消除了单点故障的问题，即系统中一个或多个服务器发送故障不会使整个系统瘫痪，从而提高了系统的可靠性。但是在分布式系统中，事务是并发的，即不同用户可能在同一时间对同一数据源进行访问，这就要求系统支持分布式的并发控制，保证系统中数据的一致。

分布式系统可以解决海量数据的存储和访问，但是在分布式环境下，数据库会遇到更为复杂的问题，举例如下。

（1）数据在分布式环境下以多副本方式进行存储，那么，在为用户提供数据访问时如何选择一个副本，或者用户修改了某一副本的数据，如何让系统中每个副本都得到更新。

（2）如果正在更新系统所有副本信息时，某个服务器由于网络或硬、软件功能出现问题导致其发生故障。在这种情况下，如何确保故障恢复时，此服务器上的副本与其他副本一致。

这些问题给分布式数据库管理系统带来了挑战，它们是分布式系统固有的复杂性，但更重要的是对分布数据的管理，控制数据之间的一致性以及数据访问的安全性。

1.2.2　CAP 理论

CAP 理论是指在一个分布式系统中，一致性（Consistency，C）、可用性（Availability，A）、分区容错性（Partition Tolerance，P）三者不可兼得。

1. 基本概念

（1）一致性（C）

一致性是指 "all nodes see the same data at the same time"，即更新操作成功后，所有节点在同一时间的数据完全一致。一致性可以分为客户端和服务端两个不同的视角。从客户端角度来看，一致性主要指多个用户并发访问时更新的数据如何被其他用户获取的问题；从服务端来看，一致性则是用户进行数据更新时如何将数据复制到整个系统，以保证数据的一致。一致性是在并发读写时才会出现的问题，因此在理解一致性的问题时，一定要注意结合考虑并发读写的场景。

（2）可用性（A）

可用性是指 "reads and writes always succeed"，即用户访问数据时，系统是否能在正常响应时间返回结果。好的可用性主要是指系统能够很好地为用户服务，不出现用户操作失败或者访问超时等用户体验不好的情况。在通常情况下，可用性与分布式数据冗余、负载均衡等有着很大的关联。

（3）分区容错性（P）

分区容错性是指 "the system continues to operate despite arbitrary message loss or failure of part of the system"，即分布式系统在遇到某节点或网络分区故障的时候，仍然能够对外提供满足一致性和可用性的服务。

分区容错性和扩展性紧密相关。在分布式应用中，可能因为一些分布式的原因导致系统无法正常运转。分区容错性高指在部分节点故障或出现丢包的情况下，集群系统仍然能提供服务，完成数据的访问。分区容错可视为在系统中采用多副本策略。

2. 相互关系

CAP 理论认为分布式系统只能兼顾其中的两个特性，即出现 CA、CP、AP 三种情况，如图 1-8 所示。

（1）CA without P

如果不要求 Partition Tolerance，即不允许分区，则强一致性和可用性是可以保证的。其实分区是始终存在的问题，因此 CA 的分布式系统更多的是允许分区后各子系统依然保持 CA。

（2）CP without A

如果不要求可用性，相当于每个请求都需要在各服务器之间强一致，而分区容错性会导致同步时间无限延长，如此 CP 也是可以保证的。很多传统的数据库分布式事务都属于这种模式。

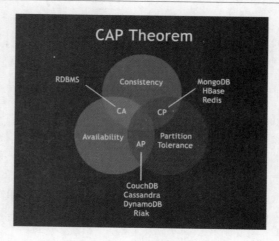

图 1-8　CAP 理论相互关系

（3）AP without C

如果要可用性高并允许分区，则需放弃一致性。一旦分区发生，节点之间可能会失去联系，为了实现高可用，每个节点只能用本地数据提供服务，而这样会导致全局数据的不一致性。

在实践中，可根据实际情况进行权衡，或者在软件层面提供配置方式，由用户决定如何选择 CAP 策略。CAP 理论可用在不同的层面，可以根据 CAP 原理定制局部的设计策略，例如，在分布式系统中，每个节点自身的数据是能保证 CA 的，但在整体上又要兼顾 AP 或 CP。

1.3　ACID 与 BASE

在大数据应用中，数据是海量的，而且是不允许丢失的。因此需要采用分布式、多副本的方式进行存储，分区容错性是很多 NoSQL 数据库必须兼顾的。那么就要在一致性和可用性之间进行权衡，于是出现了 BASE 理论，给出了权衡 A 与 C 的一种可行性方案。

1.3.1　ACID 特性

首先看关系型数据库的事务机制，事务是一个一致和可靠计算的基本单元，由作为原子单元执行的一系列数据库操作组成。数据库一般在启动时会提供事务机制，包括事务启动、停止、取消或回滚等。关系型数据库支持事务的 ACID 特性，即原子性（Atomicity）、一致性（Consistency）、隔离性（Isolation）、持久性（Durability），这四种特性保证在事务过程当中数据的正确性，具体特性描述如下。

（1）原子性（A）。一个事务的所有系列操作步骤被看成一个动作，所有的步骤要么全部完成，要么一个也不会完成。如果在事务过程中发生错误，则会回滚到事务开始前的状态，将要被改变的数据库记录不会被改变。

（2）一致性（C）。一致性是指在事务开始之前和事务结束以后，数据库的完整性约束没有被破坏，即数据库事务不能破坏关系数据的完整性及业务逻辑上的一致性。

（3）隔离性（I）。主要用于实现并发控制，隔离能够确保并发执行的事务按顺序一个接一个地执行。通过隔离，一个未完成事务不会影响另外一个未完成事务。

（4）持久性（D）。一旦一个事务被提交，它应该持久保存，不会因为与其他操作冲突而取消这个事务。

从事务的四个特性可以看到关系型数据库是要求强一致性的，但是这一点在 NoSQL 数据库中是重点弱化的机制。原因是当数据库保存强一致性时，很难保证系统具有横向扩展和可用性的优势，因此针对分布式数据存储管理只提供了弱一致性的保障，即 BASE 原理。

1.3.2　BASE 原理

BASE 是对 CAP 中一致性（C）和可用性（A）进行权衡的结果，源于提出者自己在大规模分布式系统上实践的总结。其核心思想是无法做到强一致性，但每个应用都可以根据自身的特点，采用适当方式达到最终一致性。

1. 基本可用（Basically Available）

基本可用指分布式系统在出现故障时，系统允许损失部分可用性，即保证核心功能或者当前最重要功能可用。对于用户来说，他们当前最关注的功能或者最常用的功能的可用性将会获得保证，但是其他功能会被削弱。

2. 软状态（Soft-state）

软状态允许系统数据存在中间状态，但不会影响系统的整体可用性，即允许不同节点的副本之间存在暂时的不一致情况。

3. 最终一致性（Eventually Consistent）

最终一致性要求系统中数据副本最终能够一致，而不需要实时保证数据副本一致。例如，银行系统中的非实时转账操作，允许 24 小时内用户账户的状态在转账前后是不一致的，但 24 小时后账户数据必须正确。

最终一致性是 BASE 原理的核心，也是 NoSQL 数据库的主要特点，通过弱化一致性，提高系统的可伸缩性、可靠性和可用性。而且对于大多数 Web 应用，其实并不需要强一致性，因此牺牲一致性而换取高可用性，是多数分布式数据库产品的方向。

1.3.3 最终一致性

最终一致性可以分为客户端和服务端两个不同的视角。从客户端来看，一致性主要指的是多并发访问时更新过的数据如何获取的问题。最终一致性有以下 5 个变种。

（1）因果一致性：如果进程 A 通知进程 B 它已更新了一个数据项，那么，进程 B 的后续访问将返回更新后的值，且一次写入将保证取代前一次写入。与进程 A 无因果关系的进程 C 的访问遵守一般的最终一致性规则。

（2）"读己之所写（Read-Your-Writes）"一致性：当进程 A 自己更新一个数据项之后，它总是访问到更新过的值，且不会看到旧值。这是因果一致性模型的一个特例。

（3）会话（Session）一致性：这是上一个模型的实用版本，它把访问存储系统的进程放到会话的上下文中。只要会话还存在，系统就保证"读己之所写"一致性。如果由于某些失败情形令会话终止，就要建立新的会话，而且系统保证不会延续到新的会话。

（4）单调（Monotonic）读一致性：如果进程已经看到过数据对象的某个值，那么任何后续访问都不会返回在那个值之前的值。

（5）单调写一致性：系统保证来自同一个进程的写操作顺序执行。

上述最终一致性的不同方式可以进行组合，例如，单调读一致性和"读己之所写"一致性就可以组合实现。从实践的角度来看，这两者的组合读取自己更新的数据，一旦读取到最新的版本，就不会再读取旧版本，对基于此架构上的程序开发来说，会减少很多额外的烦恼。

从服务端来看，如何尽快地将更新后的数据分布到整个系统，降低达到最终一致性的时间窗口，是提高系统的可用度和用户体验度非常重要的方面。分布式数据系统有以下特性：

N 为数据复制的份数；

W 为更新数据时需要进行写操作的节点数；

R 为读取数据的时候需要读取的节点数。

如果 $W+R>N$，写的节点和读的节点重叠，则是强一致性。例如，对于典型的一主一备同步复制的关系型数据库（$N=2$，$W=2$，$R=1$），则不管读的是主库还是备库的数据，都是一致的。

如果 $W+R \leqslant N$，则是弱一致性。例如，对于一主一备异步复制的关系型数据库（$N=2$，$W=1$，$R=1$），如果读的是备库，则可能无法读取主库已经更新过的数据，所以是弱一致性。

对于分布式系统，为了保证高可用性，一般设置 $N \geqslant 3$。设置不同的 N、W、R 组合，是在可用性和一致性之间取一个平衡，以适应不同的应用场景。

如果 $N=W$ 且 $R=1$，则任何一个写节点失效，都会导致写失败，因此可用性会降低。但是由于

数据分布的 N 个节点是同步写入的，因此可以保证强一致性。

如果 $N=R$ 且 $W=1$，则只需要一个节点写入成功即可，写性能和可用性都比较高。但是读取其他节点的进程可能不能获取更新后的数据，因此是弱一致性。在这种情况下，如果 $W<(N+1)/2$，并且写入的节点不重叠，则会存在写冲突。

1.4　NoSQL 数据库分类

关系型数据库产品很多，如 MySQL、Oracle、Microsoft SQL Sever 等，但它们的基本模型都是关系型数据模型。NoSQL 并没有统一的模型，而且是非关系型的。常见的 NoSQL 数据库包括键值数据库、列族数据库、文档数据库和图形数据库，其具体分类和特点如表 1-1 所示。

表 1-1　　　　　　　　　　　　　NoSQL 数据库分类和特点

分类	相关产品	应用场景	数据模型	优点	缺点
键值数据库	Redis、Memcached、Riak	内容缓存，如会话、配置文件、参数等；频繁读写、拥有简单数据模型的应用	<key,value>键值对，通过散列表来实现	扩展性好，灵活性好，大量操作时性能高	数据无结构化，通常只被当作字符串或者二进制数据，只能通过键来查询值
列族数据库	Bigtable、HBase、Cassandra	分布式数据存储与管理	以列族式存储，将同一列数据存在一起	可扩展性强，查找速度快，复杂性低	功能局限，不支持事务的强一致性
文档数据库	MongoDB、CouchDB、	Web 应用，存储面向文档或类似半结构化的数据	<key,value>value 是 JSON 结构的文档	数据结构灵活，可以根据 value 构建索引	缺乏统一查询语法
图形数据库	Neo4j、InfoGrid	社交网络、推荐系统，专注构建关系图谱	图结构	支持复杂的图形算法	复杂性高，只能支持一定的数据规模

NoSQL 数据库并没有一个统一的架构，两种不同的 NoSQL 数据库之间的差异程度，远远超过两种关系型数据库之间的不同。可以说，NoSQL 数据库各有所长，一个优秀的 NoSQL 数据库必然特别适用于某些场合或者某些应用，在这些场合中会远远胜过关系型数据库和其他的 NoSQL 数据库。

常见的 NoSQL 数据库分为以下几种。

（1）键值数据库。这一类数据库主要会使用到一个散列表，这个表中有一个特定的键和一个指针指向特定的数据。键值模型对于 IT 系统来说，其优势在于简单、易部署。键值数据库可以按照键对数据进行定位，还可以通过对键进行排序和分区，以实现更快速的数据定位。

（2）列族数据库。列族数据库通常用来应对分布式存储的海量数据。键仍然存在，但是它们的特点是指向了多个列。如图 1-9 所示，此列族数据库表中由两行组成，每一行都有关键字 Row Key，每一行由多个列族组成，即 Column-Family-1 和 Column-Family-2，而每个列族由多个列组成。具体列族数据库的概念和原理参照第 2 ～ 4 章介绍的 HBase。

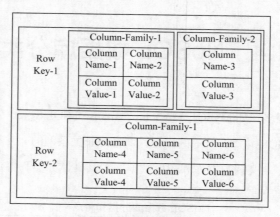

图 1-9　列族数据库

（3）文档数据库。文档数据库的灵感来自 Lotus Notes 办公软件，它与键值数据库类似。该类型的数据模型是版本化的文档，文档以特定的格式存储，如 JSON。文档数据库可以看作键值数据库的升级版，允许之间嵌套键值，如图 1-10 所示。文档数据库比键值数据库的查询效率更高，因为文档数据库不仅可以根据键创建索引，同时还可以根据文档内容创建索引。文档数据库详细概念参照第 5 章介绍的 MongoDB。

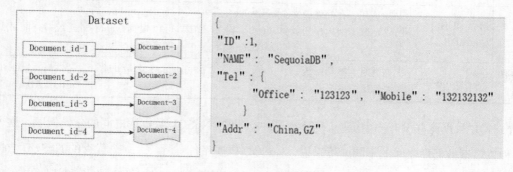

图 1-10　文档数据库

（4）图形数据库。图形数据库来源于图论中的拓扑学，以节点、边及节点之间的关系来存储复杂网络中的数据，如图 1-11 所示。这种拓扑结构类似 E-R 图，但在图形模式中，关系和节点本身就是数据，而在 E-R 图中，关系描述的是一种结构。

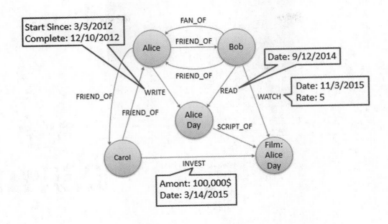

图 1-11 图形数据库

小 结

本章首先介绍了数据库系统的相关概念，重点在于关系型数据库的特点，及其在海量数据存储上的瓶颈，在此环境下产生的 NoSQL 数据库的优势。

然后介绍了分布式数据库的数据管理，如何在分布式系统中达到一致性、可用性和分区容错性的平衡，大部分 NoSQL 数据库弱化了一致性的要求来满足系统数据的可用性和分区容错。

最后介绍了四种 NoSQL 数据库，并简单介绍了它们的数据模型、应用场景、优缺点等。

思 考 题

1. 分布式的数据管理有哪些优点？会产生什么问题？

2. 什么是 CAP 原理？在分布式环境下怎样正确使用 CAP 策略？

3. 在数据一致性问题上，ACID 与 BASE 的差别是什么？分别适合哪种场景？

4. NoSQL 数据库与关系型数据库有哪些区别？

5. NoSQL 数据库有哪几类？分别适用于哪些场景？

第2章
认识 HBase

　　HBase 是一个开源的、分布式的、版本化的非关系型数据库。它利用 Hadoop 分布式文件系统（Hadoop Distributed File System，HDFS）提供分布式数据存储。需要指出的是，本书描述的是大数据场景下的分布式非关系型数据库，所以本书不讨论 HBase 的单机版或本地模式。本章首先介绍 HBase 发展过程及基本特性，读者在使用 HBase 之前需要了解 HBase 的运行条件，即需要先部署 Hadoop，然后介绍 HDFS 分布式数据存储的原理，以及 HBase 的核心功能模块，最后再讨论 HBase 使用的场景及相关案例。

　　本章所讨论的问题有些是属于 Hadoop 的相关知识，对已具备这些知识的读者可有选择地学习本章的有关部分。

　　本章的重点内容如下。

（1）Hadoop 的生态系统。

（2）HDFS 的分块机制和副本机制。

（3）HBase 的几个核心模块。

2.1　HBase 简介

　　HBase 是一个可以进行随机访问的存取和检索数据的存储平台，存储结构化和半结构化的数据。因此，一般的网站可以将网页内容和日志信息都存在 HBase 里。如果数据量不是非常庞大，HBase 甚至可以存储非结构化的数据。它不要求数据有预定义的模式，允许动态和灵活的数据模型，也不限制存储数据的类型。HBase 是非关系型数据库，它不具备关系型数据库的一些特点，例如，它不支持 SQL 的跨行事务，也不要求数据之间有严格的关系，同时它允许在同一列的不同行中存储不同类型的数据。HBase 作为 Hadoop 框架下的数据库，是被设计成在一个服务器集群上运行的。

2.1.1　HBase 的发展历程

HBase 作为 Apache 基金会的 Hadoop 项目的一部分，使用 Java 语言实现，将 HDFS 作为底层文件存储系统，在此基础上运行 MapReduce 进行分布式的批量处理数据，为 Hadoop 提供海量数据管理的服务。

Apache HBase 最初是 Powerset 公司为了处理自然语言搜索产生的海量数据而开展的项目，由查德·沃特斯（Chad Walters）和吉姆·凯勒曼（Jim Kelleman）发起，经过两年发展成为 Apache 基金会的顶级项目。HBase 是对 Google 的 Bigtable 的开源实现。2006 年 11 月，Google 公司发表了论文 *Bigtable: A Distributed Storage System for Structured Data*，但是源码没有对外开放。因此在 2007 年 2 月，项目发起人根据 Bigtable 的技术论文提出了作为 Hadoop 模块的 HBase 原型，该原型介绍了 HBase 的基本概念，以及数据库表、行键和底层数据存储结构的设计等。

由于 HBase 依赖 HDFS，它的版本发布都与 Hadoop 同步。2007 年 10 月，第一个可用的 HBase 版本随同 Hadoop 0.15.0 版本发布，此版本只实现了最基本的模块和功能，因为处于初始开发阶段，HBase 功能还不够完善。2008 年 1 月，Hadoop 升级为 Apache 的顶级项目，HBase 也作为 Hadoop 的子项目存在。其后 HBase 的发展非常活跃，两年间追随 Hadoop 的主版本发布了多个版本。但在 2010 年 6 月发布 0.89.x 版本后不再与 Hadoop 发布关联，因为 Hadoop 的版本相对比较成熟，更新步伐减慢，而 HBase 处于活跃期，版本发布更加频繁。同时，在 2010 年 HBase 成为 Apache 的顶级项目，此时的 HBase 已经基本实现了 Bigtable 论文中提出的功能，2015 年 2 月发布了足够成熟的 HBase 1.0.0 版本。

从 Apache 官网上来看，十多年来 HBase 发布了很多版本，截止到本书完稿时，HBase 官方的最新版本信息如下所示。

```
HBase Releases
Please make sure you're downloading from a nearby mirror site, not from www.apache.org.
We suggest downloading the current stable release.
The 1.2.x series is the current stable release line, it supercedes earlier release lines
Note that: 0.96 was EOM'd September 2014; 1.0 was EOM'd January 2016; 0.94 and 0.98
were EOM'd April 2017; 1.1 was EOM'd December 2017
For older versions, check the apache archive.
Name                        Last modified      Size  Description
```

```
Parent Directory                                    -
1.2.6/                      2017-10-04 18:53        -
1.3.2/                      2018-03-28 07:33        -
1.4.3/                      2018-04-03 05:09        -
2.0.0-beta-2/               2018-03-08 01:40        -
hbase-thirdparty-1.0.1/     2017-10-04 18:53        -
hbase-thirdparty-2.1.0/     2018-03-23 23:38        -
stable/                     2017-10-04 18:53        -
```

从中可以看到，Apache 社区已经停止了 0.96、1.0、0.94、0.98、1.1 这些版本的使用，且目前已经发布了 1.3、1.4 版本，甚至 2.0 的测试版。但我们不建议使用非稳定的版本，目前稳定的版本是 1.2.6，读者可以从 stable 文件夹中获取，支持的 Hadoop 版本有 Hadoop 2.4.x、Hadoop 2.5.x、Hadoop 2.6.1+和 Hadoop 2.7.1+。

需要特别声明，本书知识点简介、安装部署、实战案例和性能优化都是基于 HBase 1.2.6 版本，该版本是写作本书时的最新稳定版本。

2.1.2　HBase 的特性

HBase 是典型的 NoSQL 数据库，通常被描述成稀疏的、分布式的、持久化的，由行键、列键和时间戳进行索引的多维有序映射数据库，主要用来存储非结构化和半结构化的数据。因为 HBase 基于 Hadoop 的 HDFS 完成分布式存储，以及 MapReduce 完成分布式并行计算，所以它的一些特点与 Hadoop 相同，依靠横向扩展，通过不断增加性价比高的商业服务器来增加计算和存储能力。

HBase 虽然基于 Bigtable 的开源实现，但它们之间还是有很多差别的，Bigtable 经常被描述成键值数据库，而 HBase 则是面向列存储的分布式数据库。下面介绍 HBase 具备的显著特性，这些特性让 HBase 成为当前和未来最实用的数据库之一。

1.　容量巨大

HBase 的单表可以有百亿行、百万列，可以在横向和纵向两个维度插入数据，具有很大的弹性。当关系型数据库的单个表的记录在亿级时，查询和写入的性能都会呈现指数级下降，这种庞大的数据量对传统数据库来说是一种灾难，而 HBase 在限定某个列的情况下对于单表存储百亿甚至更多的数据都没有性能问题。它采用 LSM 树作为内部数据存储结构，这种结构会周期性地将较小文件合并成大文件，以减少对磁盘的访问。

2.　列存储

与很多面向行存储的关系型数据库不同，HBase 是面向列的存储和权限控制的，它里面的每个列是单独存储的，且支持基于列的独立检索。下面通过图 2-1 的例子来看行存储与列存储的区别。

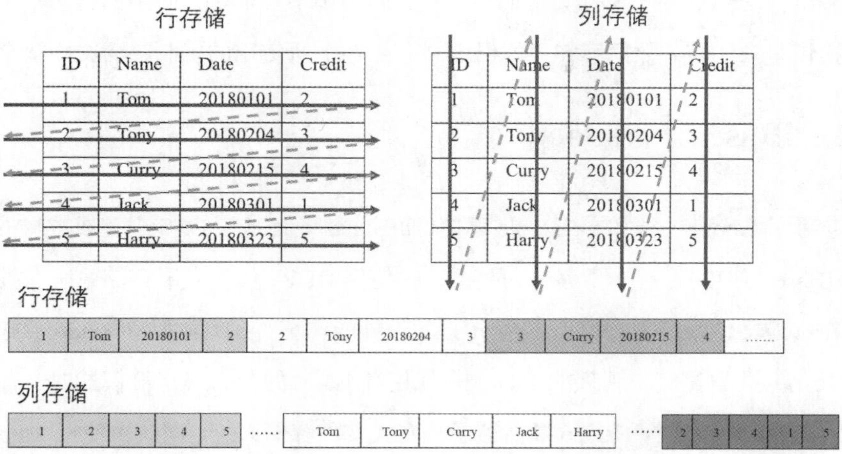

图 2-1　行存储与列存储的区别

从图 2-1 可以看到，行存储里的一张表的数据都放在一起，但在列存储里是按照列分开保存的。在这种情况下，进行数据的插入和更新，行存储会相对容易。而进行行存储时，查询操作需要读取所有的数据，列存储则只需要读取相关列，可以大幅降低系统 I/O 吞吐量。

3. 稀疏性

通常在传统的关系性数据库中，每一列的数据类型是事先定义好的，会占用固定的内存空间，在此情况下，属性值为空（NULL）的列也需要占用存储空间。而在 HBase 中的数据都是以字符串形式存储的，为空的列并不占用存储空间，因此 HBase 的列存储解决了数据稀疏性的问题，在很大程度上节省了存储开销。所以 HBase 通常可以设计成稀疏矩阵，同时这种方式比较接近实际的应用场景。

4. 扩展性强

HBase 工作在 HDFS 之上，理所当然地支持分布式表，也继承了 HDFS 的可扩展性。HBase 的扩展是横向的，横向扩展是指在扩展时不需要提升服务器本身的性能，只需添加服务器到现有集群即可。HBase 表根据 Region 大小进行分区，分别存在集群中不同的节点上，当添加新的节点时，集群就重新调整，在新的节点启动 HBase 服务器，动态地实现扩展。这里需要指出，HBase 的扩展是热扩展，即在不停止现有服务的前提下，可以随时添加或者减少节点。

5. 高可靠性

HBase 运行在 HDFS 上，HDFS 的多副本存储可以让它在出现故障时自动恢复，同时 HBase 内部也提供 WAL 和 Replication 机制。WAL（Write-Ahead-Log）预写日志是在 HBase 服务器处理数据插入和删除的过程中用来记录操作内容的日志，保证了数据写入时不会因集群异常而导致写入数据的丢失；而 Replication 机制是基于日志操作来做数据同步的。当集群中单个节点出现故障时，协调服务组件 ZooKeeper 通知集群的主节点，将故障节点的 HLog 中的日志信息分发到各从节点进行数据恢复。HBase 数据容灾（即保证高可靠性）所使用的机制在后文中还会详细讲解。

2.1.3　HBase 与 Hadoop

HBase 参考了 Google 公司的 Bigtable 建模，而 Bigtable 是基于 GFS 来完成数据的分布式存储的，因此，HBase 与 HDFS 有非常紧密的关系，它使用 HDFS 作为底层存储系统。虽然 HBase 可以单独运行在本地文件系统上，但这不是 HBase 设计的初衷。HBase 是在 Hadoop 这种分布式框架中提供持久化的数据存储与管理的工具。在使用 HBase 的分布式集群模式时，前提是必须有 Hadoop 系统。Hadoop 系统为 HBase 提供给了分布式文件存储系统，同时也使得 MapReduce 组件能够直接访问 HBase 进行分布式计算。HBase 最重要的访问方式是 Java API（Application Programming Interface，应用程序编程接口），MapReduce 的批量操作方式并不常用。图 2-2 展示了 HBase 在 Hadoop 生态系统中的位置。

图 2-2　Hadoop 生态系统

本书的知识点都基于 HBase 1.2.6 稳定版本，因为 HBase 底层依赖 Hadoop，所以对 Hadoop 的版本也有要求。HBase 的官方网站上也发布了每个 Hadoop 版本对 HBase 的支持，如表 2-1 所示。

表 2-1　　　　　　　　　　　　　　　Hadoop 版本支持矩阵

Hadoop 版本	HBase 1.2.x	HBase 1.3.x	HBase 2.0.x
Hadoop 2.4.x	S	S	X
Hadoop 2.5.x	S	S	X
Hadoop 2.6.0	X	X	X
Hadoop 2.6.1+	S	S	S
Hadoop 2.7.0	X	X	X
Hadoop 2.7.1+	S	S	S
Hadoop 2.8.（0～1）	X	X	X

Hadoop 版本	HBase 1.2.x	HBase 1.3.x	HBase 2.0.x
Hadoop 2.8.2	NT	NT	NT
Hadoop 2.8.3+	NT	NT	S
Hadoop 2.9.0	X	X	X
Hadoop 3.0.0	NT	NT	NT

注：① S 表示经过测试的，可支持的。

② X 表示不支持。

③ NT 表示没有经过测试的。

从表 2-1 中可以看到 HBase 1.2.6 版本可以运行在 Hadoop 2.4.x、2.5.x、2.6.1+、2.7.1+，再根据 Hadoop 官网上提供的 Hadoop 版本，因此本书选择使用 Hadoop 2.7.6 版本。

2.2   HDFS 原理

本节详细讲解作为 HBase 底层存储的分布式文件系统 HDFS 的原理。HDFS（Hadoop Distributed File System）即 Hadoop 分布式文件系统，它的设计目标是把超大数据集存储到集群中的多台普通商用计算机上，并提供高可靠性和高吞吐量的服务。HDFS 是参考 Google 公司的 GFS 实现的，不管是 Google 公司的计算平台还是 Hadoop 计算平台，都是运行在大量普通商用计算机上的，这些计算机节点很容易出现硬件故障，而这两种计算平台都将硬件故障作为常态，通过软件设计来保证系统的可靠性。例如，HDFS 的数据是分块地存储在每个节点上，当某个节点出现故障时，HDFS 相关组件能快速检测节点故障并提供容错机制完成数据的自动恢复。

2.2.1 HDFS 的基本架构

HDFS 主要由 3 个组件构成，分别是 NameNode、SecondaryNameNode 和 DataNode。HDFS 是以 Master/Slave 模式运行的，其中，NameNode 和 SecondaryNameNode 运行在 Master 节点上，而 DataNode 运行在 Slave 节点上，所以 HDFS 集群一般由一个 NameNode、一个 SecondaryNameNode 和许多 DataNode 组成，其架构如图 2-3 所示。

在 HDFS 中，文件是被分成块来进行存储的，一个文件可以包含许多个块，每个块存储在不同的 DataNode 中。从图 2-3 中可知，当一个客户端请求读取一个文件时，它需要先从 NameNode 中获取文件的元数据信息，然后从对应的数据节点上并行地读取数据块。

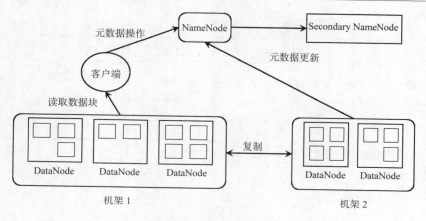

图 2-3　HDFS 架构

下面介绍 HDFS 架构中 NameNode、SecondaryNameNode 和 DataNode 的功能。

1. NameNode

NameNode 是主服务器，负责管理文件系统的命名空间以及客户端对文件的访问。当客户端请求数据时，仅仅从 NameNode 中获取文件的元数据信息，具体的数据传输不经过 NameNode，而是直接与具体的 DataNode 进行交互。这里文件的元数据信息记录了文件系统中的文件名和目录名，以及它们之间的层级关系，同时也记录了每个文件目录的所有者及其权限，甚至还记录每个文件由哪些块组成，这些元数据信息记录在文件 fsimage 中，当系统初次启动时，NameNode 将读取 fsimage 中的信息并保存到内存中。这些块的位置信息是由 NameNode 启动后从每个 DataNode 获取并保存在内存当中的，这样既减少了 NameNode 的启动时间，又减少了读取数据的查询时间，提高了整个系统的效率。

2. SecondaryNameNode

从字面上来看，SecondaryNameNode 很容易被当作是 NameNode 的备份节点，其实不然。可以通过图 2-4 看 HDFS 中 SecondaryNameNode 的作用。

NameNode 管理着元数据信息，元数据信息会定期保存到 edits 和 fsimage 文件中。其中的 edits 保存操作日志信息，在 HDFS 运行期间，新的操作日志不会立即与 fsimage 进行合并，也不会存到 NameNode 的内存中，而是会先写到 edits 中。当 edits 文件达到一定域值或间隔一段时间后触发 SecondaryNameNode 进行工作，这个时间点称为 checkpoint。SecondaryNameNode 的角色就是定期地合并 edits 和 fsimage 文件，其合并步骤如下。

（1）在进行合并之前，SecondaryNameNode 会通知 NameNode 停用当前的 editlog 文件，NameNode 会将新记录写入新的 editlog.new 文件中。

（2）SecondaryNameNode 从 NameNode 请求并复制 fsimage 和 edits 文件。

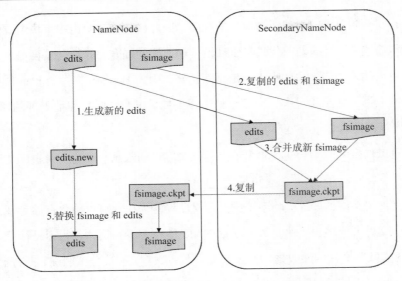

图 2-4　NameNode 和 SecondaryNameNode 工作流程

（3）SecondaryNameNode 把 fsimage 和 edits 文件合并成新的 fsimage 文件，并命名为 fsimage.ckpt。

（4）NameNode 从 SecondaryNameNode 获取 fsimage.ckpt，并替换掉 fsimage，同时用 edits.new 文件替换旧的 edits 文件。

（5）更新 checkpoint 的时间。

最终 fsimage 保存的是上一个 checkpoint 的元数据信息，而 edits 保存的是从上个 checkpoint 开始发生的 HDFS 元数据改变的信息。

3. DataNode

DataNode 是 HDFS 中的工作节点，也是从服务器，它负责存储数据块，也负责为客户端提供数据块的读写服务，同时也响应 NameNode 的相关指令，如完成数据块的复制、删除等。另外，DataNode 会定期发送心跳信息给 NameNode，告知 NameNode 当前节点存储的文件块信息。当客户端给 NameNode 发送读写请求时，NameNode 告知客户端每个数据块所在的 DataNode 信息，然后客户端直接与 DataNode 进行通信，减少 NameNode 的系统开销。当 DataNode 在执行块存储操作时，DataNode 还会与其他 DataNode 通信，复制这些块到其他 DataNode 上实现冗余。

2.2.2　HDFS 的分块机制和副本机制

1. 分块机制

在 HDFS 中，文件最终是以数据块的形式存储的。HDFS 中数据块大小默认为 64MB，而一般磁盘块的大小为 512B，HDFS 块之所以这么大，是为了最小化寻址开销。如果块足够大，从磁盘传输数据的时间会明显大于寻找块的地址的时间，因此，传输一个由多个块组成的大文件的时间取决于磁盘传输速率。随着新一代磁盘驱动器传输速率的提升，寻址开销会更少，在更多情况下 HDFS 使用更大的块。当然块的大小不是越大越好，因为 Hadoop 中一个 map 任务一次通常只处理一个块中的数据，如果块过大，会导致整体任务数量过小，降低作业处理的速度。

HDFS 按块存储还有如下好处。

（1）文件可以任意大，不会受到单个节点的磁盘容量的限制。理论上讲，HDFS 的存储容量是无限的。

（2）简化文件子系统的设计。将系统的处理对象设置为块，可以简化存储管理，因为块大小固定，所以每个文件分成多少个块，每个 DataNode 能存多少个块，都很容易计算。同时系统中 NameNode 只负责管理文件的元数据，DataNode 只负责数据存储，分工明确，提高了系统的效率。

（3）有利于提高系统的可用性。HDFS 通过数据备份来提供数据的容错能力和高可用性，而按照块的存储方式非常适合数据备份。同时块以副本方式存在多个 DataNode 中，有利于负载均衡，当某个节点处于繁忙状态时，客户端还可以从其他节点获取这个块的副本。

2. 副本机制

HDFS 中数据块的副本数默认为 3，当然可以设置更多的副本数，这些副本分散存储在集群中，副本的分布位置直接影响 HDFS 的可靠性和性能。一个大型的分布式文件系统都是需要跨多个机架的，如图 2-3 中，HDFS 涉及两个机架。如果把所有副本都存放在不同的机架上，可以防止机架故障从而导致数据块不可用，同时在多个客户端访问文件系统时很容易实现负载均衡。如果是写数据，各个数据块需要同步到不同机架上，会影响写数据的效率。

在 HDFS 默认 3 个副本情况下，会把第一个副本放到机架的一个节点上，第二副本放在同一个机架的另一个节点上，第三个副本放在不同的机架上。这种策略减少了跨机架副本的个数，提高了数据块的写性能，也可以保证在一个机架出现故障时，仍然能正常运转。

2.2.3 HDFS 的读写机制

前面讲到，客户端读、写文件是与 NameNode 和 DataNode 通信的，下面详细介绍 HDFS 中读写文件的过程。

1. 读文件

HDFS 通过 RPC 调用 NameNode 获取文件块的位置信息，并且对每个块返回所在的 DataNode 的地址信息，然后再从 DataNode 获取数据块的副本。HDFS 读文件的过程如图 2-5 所示。

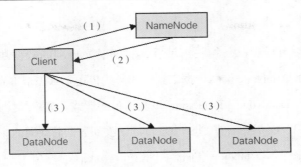

图 2-5　HDFS 读文件过程

（1）客户端发起文件读取的请求。

（2）NameNode 将文件对应的数据块信息及每个块的位置信息，包括每个块的所有副本的位置信息（即每个副本所在的 DataNode 的地址信息）都传送给客户端。

（3）客户端收到数据块信息后，直接和数据块所在的 DataNode 通信，并行地读取数据块。

在客户端获得 NameNode 关于每个数据块的信息后，客户端会根据网络拓扑选择与它最近的 DataNode 来读取每个数据块。当与 DataNode 通信失败时，它会选取另一个较近的 DataNode，同时会对出故障的 DataNode 做标记，避免与它重复通信，并发送 NameNode 故障节点的信息。

2. 写文件

当客户端发送写文件请求时，NameNode 负责通知 DataNode 创建文件，在创建之前会检查客户端是否有允许写入数据的权限。通过检测后，NameNode 会向 edits 文件写入一条创建文件的操作记录。HDFS 中写文件的过程如图 2-6 所示。

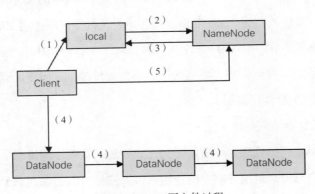

图 2-6　HDFS 写文件过程

（1）客户端在向 NameNode 发送写请求之前，先将数据写入本地的临时文件中。

（2）待临时文件块达到系统设置的块大小时，开始向 NameNode 请求写文件。

（3）NameNode 在此步骤中会检查集群中每个 DataNode 状态信息，获取空闲的节点，并在检查客户端权限后创建文件，返回客户端一个数据块及其对应 DataNode 的地址列表。列表中包含副本存放的地址。

（4）客户端在获取 DataNode 相关信息后，将临时文件中的数据块写入列表中的第一个 DataNode，同时第一个 DataNode 会将数据以副本的形式传送至第二个 DataNode，第二个节点也会将数据传送至第三个 DataNode。DataNode 以数据包的形式从客户端接收数据，并以流水线的形式写入和备份到所有的 DataNode 中，每个 DataNode 收到数据后会向前一个节点发送确认信息。最终数据传输完毕，第一个 DataNode 会向客户端发送确认信息。

（5）当客户端收到每个 DataNode 的确认信息时，表示数据块已经持久化地存储在所有 DataNode 当中，接着客户端会向 NameNode 发送确认信息。如果在第（4）步中任何一个 DataNode 失败，客户端会告知 NameNode，将数据备份到新的 DataNode 中。

2.2.4　HDFS 的特点与使用场景

1. 适合存储超大文件

HDFS 支持 GB 级别甚至 TB 级别的文件，每个文件大小可以大于集群中任意一个节点的磁盘容量，文件的所有数据块存在不同节点中，在进行大文件读写时采用并行的方式提高数据的吞吐量。HDFS 不适合存储大量的小文件，这里的小文件指小于块大小的文件。因为 NameNode 将文件系统的元数据信息存在内存当中，所以 HDFS 所能存储的文件总数受到 NameNode 内存容量的限制。

下面通过举例来计算同等容量的单个大文件和多个小文件所占的文件块的个数。假设 HDFS 中块的大小为 64MB，备份数量为 3，一般情况下，一条元数据记录占用 200B 的内存。那么，对于 1GB 的大文件，将占用 1GB/64MB×3 个文件块；对于 1024 个 1MB 的小文件，则占用 1024 ×3 个文件块。可以看到，存储同等大小的文件，单个文件越小，所需的元数据信息越大，占用的内存越大，因此 HDFS 适合存储超大文件。

2. 适用于流式的数据访问

HDFS 适用于批量数据的处理，不适用于交互式处理。它设计的目标是通过流式的数据访问保证高吞吐量，不适合对低延迟用户响应的应用。可以选择 HBase 满足低延迟用户的访问需求。

3. 支持简单的一致性模型

HDFS 中的文件支持一次写入、多次读取，写入操作是以追加的方式添加在文件末尾，不支持多个写入者的操作，也不支持对文件的任意位置进行修改。

4. 计算向数据靠拢

在 Hadoop 系统中，对数据进行计算时，采用将计算向数据靠拢的方式，即选择最近的数据进行计算，减少数据在网络中的传输延迟。

2.3　HBase 的组件和功能

HBase 是一个高可靠、高性能、面向列、可伸缩的分布式数据库，底层基于 Hadoop 的 HDFS 来存储数据。本节将介绍 HBase 的系统架构以及每个组件的功能。图 2-7 展示了 HBase 的系统架构，包括客户端、ZooKeeper 服务器、HMaster 主服务器和 RegionServer。Region 是 HBase 中数据的物理切片，每个 Region 中记录了全局数据的一小部分，并且不同的 Region 之间的数据是互不重复的。

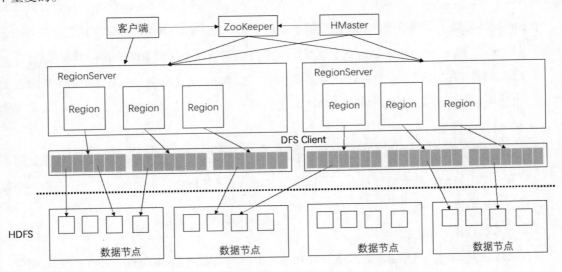

图 2-7　HBase 的系统架构

2.3.1　客户端

客户端包含访问 HBase 的接口，是整个 HBase 系统的入口，使用者直接通过客户端操作 HBase。客户端使用 HBase 的 RPC 机制与 HMaster 和 RegionServer 进行通信。在一般情况下，客户端与 HMaster 进行管理类操作的通信，在获取 RegionServer 的信息后，直接与 RegionServer 进行数据读写类操作。而且客户端获取 Region 的位置信息后会缓存下来，用来加速后续数据的访问过程。客户端可以用 Java 语言来实现，也可以使用 Thtift、Rest 等客户端模式，甚至 MapReduce 也可以算作一种客户端。

2.3.2　ZooKeeper

ZooKeeper 是一个高性能、集中化、分布式应用程序协调服务，主要是用来解决分布式应用中用户经常遇到的一些数据管理问题，例如，数据发布/订阅、命名服务、分布式协调通知、集群管理、Master 选举、分布式锁和分布式队列等功能。其中，Master 选举是 ZooKeeper 最典型的应用场景。在 Hadoop 中，ZooKeeper 主要用于实现高可靠性（High Availability，HA），包括 HDFS 的 NameNode 和 YARN 的 ResourceManager 的 HA。以 HDFS 为例，NameNode 作为 HDFS 的主节点，负责管理文件系统的命名空间以及客户端对文件的访问，同时需要监控整个 HDFS 中每个 DataNode 的状态，实现负载均衡和容错。为了实现 HA，必须有多个 NameNode 并存，并且只有一个 NameNode 处于活跃状态，其他的则处于备用状态。当活跃的 NameNode 无法正常工作时，处于备用状态的 NameNode 会通过竞争选举产生新的活跃节点来保证 HDFS 集群的高可靠性。

从图 2-7 中可以看到，在 HBase 的系统架构中，ZooKeeper 是串联 HBase 集群和 Client 的关键。ZooKeeper 在 HBase 中的负责协调的任务如下。

（1）Master 选举。

同 HDFS 的 HA 机制一样，HBase 集群中有多个 HMaster 并存，通过竞争选举机制保证同一时刻只有一个 HMaster 处于活跃状态，一旦这个 HMaster 无法使用，则从备用节点中选出一个顶上，保证集群的高可靠性。

（2）系统容错。

在 HBase 启动时，每个 RegionServer 在加入集群时都需要到 ZooKeeper 中进行注册，创建一个状态节点，ZooKeeper 会实时监控每个 RegionServer 的状态，同时 HMaster 会监听这些注册的 RegionServer。当某个 RegionServer 挂断的时候，ZooKeeper 会因为一段时间内接收不到它的心跳信息而删除该 RegionServer 对应的状态节点，并且给 HMaster 发送节点删除的通知。这时，HMaster 获知集群中某节点断开，会立即调度其他节点开启容错机制。

（3）Region 元数据管理。

在 HBase 集群中，Region 元数据被存储在 Meta 表中。每次客户端发起新的请求时，需要查询 Meta 表来获取 Region 的位置，而 Meta 表是存在 ZooKeeper 中的。当 Region 发生变化时，例如，Region 的手工移动、进行负载均衡的移动或 Region 所在的 RegionServer 出现故障等，就能够通过 ZooKeeper 来感知到这一变化，保证客户端能够获得正确的 Region 元数据信息。

（4）Region 状态管理。

HBase 集群中 Region 会经常发生变更，其原因可能是系统故障，配置修改，或者是 Region 的分裂和合并。只要 Region 发生变化，就需要让集群的所有节点知晓，否则就会出现某些事务性的异常。而对于 HBase 集群，Region 的数量会达到 10 万，甚至更多。如此规模的 Region 状态管理如果直接由 HMaster 来实现，则 HMaster 的负担会很重，因此只有依靠 ZooKeeper 系统来完成。

（5）提供 Meta 表存储位置。

在 HBase 集群中，数据库表信息、列族信息及列族存储位置信息都属于元数据。这些元数据存储在 Meta 表中，而 Meta 表的位置入口由 ZooKeeper 来提供。

2.3.3　HMaster

HMaster 是 HBase 集群中的主服务器，负责监控集群中的所有 RegionServer，并且是所有元数据更改的接口。在分布式集群中，HMaster 服务器通常运行在 HDFS 的 NameNode 上，HMaster 通过 ZooKeeper 来避免单点故障，在集群中可以启动多个 HMaster，但 ZooKeeper 的选举机制能够保证同时只有一个 HMaster 处于 Active 状态，其他的 HMaster 处于热备份状态。HMaster 主要负责表和 Region 的管理工作。

（1）管理用户对表的增、删、改、查操作。

HMaster 提供了表 2-2 中的一些基于元数据方法的接口，便于用户与 HBase 进行交互。

表 2-2　　　　　　　　　　　　　　　HMaster 提供的接口

相关接口	功能
HBase 表	创建表、删除表、启用/失效表、修改表
HBase 列族	添加列、修改列、移除列
HBase 表 Region	移动 Region、分配和合并 Region

（2）管理 RegionServer 的负载均衡，调整 Region 的分布。

（3）Region 的分配和移除。

（4）处理 RegionServer 的故障转移。

当某台 RegionServer 出现故障时，总有一部分新写入的数据还没有持久化地存储到磁盘中，因此在迁移该 RegionServer 的服务时，需要从修改记录中恢复这部分还在内存中的数据，HMaster 需要遍历该 RegionServer 的修改记录，并按 Region 拆分成小块移动到新的地址下。

另外，当 HMaster 节点发生故障时，由于客户端是直接与 RegionServer 交互的，且 Meta 表也是存在于 ZooKeeper 当中，整个集群的工作会继续正常运行，所以当 HMaster 发生故障时，集群仍然可以稳定运行。但是 HMaster 还会执行一些重要的工作，例如，Region 的切片、RegionServer 的故障转移等，如果 HMaster 发生故障而没有及时处理，这些功能都会受到影响，因此 HMaster 还是要尽快恢复工作。ZooKeeper 组件提供了这种多 HMaster 的机制，提高了 HBase 的可用性和稳健性。

2.3.4　RegionServer

在 HDFS 中，DataNode 负责存储实际数据。RegionServer 主要负责响应用户的请求，向 HDFS 读写数据。一般在分布式集群中，RegionServer 运行在 DataNode 服务器上，实现数据的本地性。每个 RegionServer 包含多个 Region，它负责的功能如下。

（1）处理分批给它的 Region。

（2）处理客户端读写请求。

（3）刷新缓存到 HDFS 中。

（4）处理 Region 分片。

（5）执行压缩。

RegionServer 是 HBase 中最核心的模块，其内部管理了一系列 Region 对象，每个 Region 由多个 HStore 组成，每个 HStore 对应表中一个列族的存储。HBase 是按列进行存储的，将列族作为一个集中的存储单元，并且 HBase 将具备相同 I/O 特性的列存储到一个列族中，这样可以保证读写的高效性。在图 2-7 中，RegionServer 最终将 Region 数据存储在 HDFS 中，采用 HDFS 作为底层存储。HBase 自身并不具备数据复制和维护数据副本的功能，而依赖 HDFS 为 HBase 提供可靠和稳定的存储。当然，HBase 也可以不采用 HDFS，如它可以使用本地文件系统或云计算环境中的 Amazon S3，本书中 HBase 的内容都是以 HDFS 为底层存储来描述的。RegionServer 存储数据的具体过程会在后面进行详细介绍。

2.4　HBase 的使用场景及案例

HBase 解决不了所有的问题，但是针对某些特点的数据可以使用 HBase 高效地解决，如以下的应用场景。

（1）数据模式是动态的或者可变的，且支持半结构化和非结构化的数据。

（2）数据库中的很多列都包含了很多空字段，在 HBase 中的空字段不会像在关系型数据库中占用空间。

（3）需要很高的吞吐量，瞬间写入量很大。

（4）数据有很多版本需要维护，HBase 利用时间戳来区分不同版本的数据。

（5）具有高可扩展性，能动态地扩展整个存储系统。

在实际应用中，有很多公司使用 HBase，如 Facebook 公司的 Social Inbox 系统，使用 HBase 作为消息服务的基础存储设施，每月可处理几千亿条的消息；Yahoo 公司使用 HBase 存储检查近似重复的指纹信息的文档，它的集群当中分别运行着 Hadoop 和 HBase，表中存了上百万行数据；Adobe 公司使用 Hadoop+HBase 的生产集群，将数据直接持续地存储在 HBase 中，并将 HBase 作为数据源进行 MapReduce 的作业处理；Apache 公司使用 HBase 来维护 Wiki 的相关信息。下面通过几个实际案例来介绍 HBase 的应用场景。

2.4.1　搜索引擎应用

前面讲到 HBase 是 Google Bigtable 的开源实现，而 Google 公司开发 Bigtable 是为了它的搜索引擎应用。Google 和其他搜索引擎是基于建立索引来完成快速搜索服务的。该索引提供了特定词语，包含该词语的所有文档的映射。

搜索引擎的文档库是整个互联网，搜索的特定词语就是用户搜索框里输入的任何信息，Bigtable 和开源的 HBase 为这种文档库提供存储及行级的访问。下面简单地分析 HBase 应用于网络搜索的逻辑过程。首先，网络爬虫持续不断地从网络上抓取新页面，并将页面内容存储到 HBase 中，爬虫可以插入和更新 HBase 里的内容；然后，用户可以利用 MapReduce 在整张表上计算并生成索引，为网络搜索做准备；接着，用户发起搜索请求；最后，搜索引擎查询建立好的索引列表，获取文档索引后，再从 HBase 中获取所需的文档内容，最后将搜索结果提交给用户。

2.4.2　捕获增量数据

数据通常是动态增加的，随着时间的推移，数据量会越来越大，例如，网站的日志信息、邮箱的邮件信息等。通常通过采集工具捕获来自各种数据源的增量数据，再使用 HBase 进行存储。例如，这种采集工具可能是网页爬虫，采集的数据源可能是记录用户点击的广告信息、驻留的时间长度以及对应的广告效果数据，也可能是记录服务器运行的各种参数数据。下面介绍一些有关该使用场景的成功案例。

1. 存储监控参数

大型的、基于 Web 的产品后台一般都拥有成百上千台服务器，这些服务器不仅为前端的大量用户提供服务，同时还需要提供日志采集、数据存储、数据处理等各种功能。为了保证产品的正常运行，监控服务器和服务器上运行的软件的健康状态是至关重要的。大规模监控整个环境需要能够采集和存储来自不同数据源的各种参数的监控系统。OpenTSDB 正是这种监控系统，它可以从大规模集群中获取相应的参数并进行存储、索引和服务。

OpenTSDB（Open Time Series Database）是一个开源框架，其含义是开放时间序列数据库。这个框架使用 HBase 作为核心平台来存储和检索所收集的参数，可以灵活地支持增加参数，也可以支持采集上万台机器和上亿个数据点，具有高可扩展性。OpenTSDB 作为数据收集和监控系统，一方面能够存储和检索参数数据并保存很长时间，另一方面如果需要增加功能也可以添加各种新参数。最终 OpenSTDB 对 HBase 中存储的数据进行分析，并以图形化方式展示集群中的网络设备、操作系统及应用程序的状态。

2. 存储用户交互数据

对基于 Web 的应用，还有一种很重要的数据，即用户交互数据。这一类数据包含了用户的访问网站的行为习惯。通过分析用户交互数据，就可以获取用户在网站上的活动信息。例如，用户看了什么？某个按钮被用户点击了多少次？用户最近搜索了什么？从这些信息就可以了解用户的需求，从而针对不同的用户提供不同的应用。

例如，Facebook 里的 Like 按钮，每次用户 Like 一个特定主题，计数器增加一次。FaceBook 使用 HBase 的计数器来计量人们 Like 特定网页的次数。内容原创人或网页主人可以得到近乎实时的、用户 Like 他们网页的数据信息。他们可以据此更敏捷地判断应该提供什么内容。Facebook 为此创建了一个名为 Facebook Insight 的系统，该系统需要一个可扩展的存储系统。公司考虑了很多种可能，包括关系型数据库、内存数据库和 Cassandra 数据库，最后决定使用 HBase。基于 HBase，Facebook 可以很方便地横向扩展服务规模，提供给数百万用户，也可以继续使用他们已有的运行大规模 HBase 机群的经验。该系统每天处理数百亿条事件，记录数百个参数。

3. 存储遥测数据

软件在运行时经常会出现异常的情况，这时大部分软件都会生成一个软件崩溃报告，这类软件运行报告会返回软件开发者，用来评测软件质量和规划软件开发路线图。例如，FireFox 网络浏览器是 Mozilla 基金会旗下的产品，支持各种操作系统，全世界数百万台计算机上都有它的身影。当 FireFox 浏览器崩溃时，会以 Bug 报告的形式返回一个软件崩溃报告给 Mozilla。Mozilla 使用一个叫作 Socorro 的系统收集这些报告，用来指导研发部门研制更稳定的产品。Socorro 系统的数据存储和分析建构在 HBase 上，采用 HBase 使得基本分析可以用到比以前多得多的数据。用这些分析数据指导 Mozilla 的开发人员，使其更有针对性地研制出 Bug 更少的版本。

趋势科技（Trend Micro）为企业客户提供互联网安全解决方案，来应对网络上千变万化的安全威胁。安全的重要环节是感知，日志收集和分析对于提供这种感知能力是至关重要的。趋势科技使用 HBase 来收集和分析日志活动，每天可收集数十亿条记录。HBase 中灵活的模式支持可变的数据结构，当分析流程重新调整时，可以增加新属性。

4．广告效果和点击流

在线广告是互联网产品的一项主要收入来源。互联网企业提供免费服务给用户，在用户使用服务时投放广告给目标用户。这种精准投放需要针对用户交互数据做详细的捕获和分析，以理解用户的特征；再基于这种特征，选择并投放广告。企业可使用精细的用户交互数据建立更优的模型，进而获得更好的广告投放效果和更多的收入。但这类数据有两个特点：它以连续流的形式出现，它很容易按用户划分。在理想情况下，这种数据一旦产生就能够马上使用。

HBase 非常适合收集这种用户交互数据，并已经成功地应用在相关领域。它可以增量捕获第一手点击流和用户交互数据，然后用不同处理方式来处理数据，电商和广告监控行业都已经非常熟练地使用了类似的技术。例如，淘宝的实时个性化推荐服务，中间推荐结果存储在 HBase 中，广告相关的用户建模数据也存储在 HBase 中，用户模型多种多样，可以用于多种不同场景，例如，针对特定用户投放什么广告，用户在电商门户网站上购物时是否实时报价等。

HBase 已成熟地应用于国内外的很多大公司，总之，HBase 适合用来存储各种类型的大规模的数据，可为用户提供实时的在线查询，同时也支持离线的应用。但对于需要 JOIN 和其他一些关系型数据特性要求时，HBase 就不适用了，因此，还是要根据应用场景合理地使用 HBase，发挥 HBase 的优势。

2.5　HBase 的安装与配置

本节讲述如何安装、部署 HBase 集群，以及如何通过命令行方式来完成 HBase 集群的启动和停止。首先介绍部署 HBase 之前需要做的准备工作，如 Java、SSH 和 Hadoop 这些先决条件的配置；然后介绍如何安装 HBase，以及如何配置集群中相关文件。

同时需要注意的是，本节介绍的是分布式 HBase 集群的部署，在对一台机器修改配置文件后需要同步到集群中的所有节点。

2.5.1　准备工作

Hadoop 和 HBase 可以工作在 Linux 和 Windows 操作系统上，但是在 Windows 上安装 Hadoop 和 HBase 只适用于评估和测试，一个成熟稳定的 Hadoop+HBase 集群还是需要运行在 Linux 上，因此本书中的安装配置及操作命令都是在 Linux 中完成的。Linux 操作系统的选择也有多个，本书使用的是 CentOS 7，可以从其官网上获取。

除了操作系统的选择外，还涉及分布式 Hadoop 的部署、JDK、SSH 等，在运行 HBase 之前要确保这些条件已经具备。JDK 和 SSH 的配置同时也是 Hadoop 安装的前提条件，因此，如何配置 JDK 和 SSH 本书也不做介绍，只介绍这些软件在运行 HBase 时的作用。

1. JDK

JDK 是 Hadoop 和 HBase 运行的环境。Hadoop 和 HBase 都采用 Java 语言实现，它们的守护进程都运行在 JVM 下，所以安装 JDK 是基本要求，而且使用 JDK 1.6 以上的版本才能更好地支持 HBase，同时为了能够管理超过 4GB 的内存空间，需要安装 64 位的 JDK。JDK 版本一般选择 Oracle 公司推荐的版本，用户最好使用一个稍旧（稳定）的版本，因为使用最新 Java 版本时可能会出现意想不到的问题，本实验使用的是 jdk-8u161-linux-x64.rpm 包。

2. SSH

配置 SSH 可以实现简单的服务器到主机的通信，在集群中，只有启动 sshd 后，才可以通过脚本远程操控其他的 Hadoop 和 HBase 进程。但是进程间通信时每次都需要输入密码，因此，为了实现自动化操作，需要配置 SSH 免密码的登录方式。本书中使用的 CentOS 操作系统内置了 SSH 服务，只需做简单配置即可。

3. Hadoop

HBase 是以 HDFS 作为底层存储文件系统的，因此 Hadoop 是先行条件。Hadoop 安装文件可从 Hadoop 官网上获取，本书使用的是 Hadoop 2.7.6 版本。

2.5.2 HBase 的安装与配置

安装 Java、SSH 和 Hadoop 以后，接下来要安装配置 HBase。HBase 的运行模式包括单机、伪分布式和分布式三种。单机模式使用本地文件系统，所有进程运行在一个 JVM 上，单机模式一般只用于测试，HBase 需要结合 Hadoop 才能展现出其分布式存储的能力。伪分布式和分布式模式是一种主从模式，基本由一个 Master 节点和多个 Slave 节点组成，均使用 HDFS 作为底层文件系统。但伪分布式模式下，所有进程运行在一个 JVM 上，可以进行小集群的配置，用于测试。在生产环境下，需要在不同机器上的 JVM 中运行守护进程。下面着重介绍伪分布式和分布式两种模式的安装与配置。

1. 下载安装

本书使用 HBase 1.2.6 版本，安装文件可以从 HBase 官网下载。下载完成后，解压 TAR 包到指定的目录，如/usr/local 目录，并切换到该目录下，查看已解压的文件，然后用 mv 命令重命名 hbase-1.2.6 文件夹为 hbase。

```
[root@localhost ~]# tar xzvf hbase-1.2.6-bin.tar.gz /usr/local
[root@localhost ~]# cd /usr/local/                    //切换到 hbase 所在目录
```

```
[root@localhost local]# mv hbase-1.2.6 hbase       //重命名为 hbase
[root@localhost local]# ls                          //查看此目录下文件
bin etc games hadoop hbase hbase-1.2.6-bin.tar.gz include lib
```

2. 修改配置文件

在配置伪分布式和分布式集群时，需要修改安装目录下 conf 文件夹中相关的配置文件，主要涉及以下两个文件，同时需要将这些配置文件分发到集群中的各个 RegionServer 节点。

（1）hbase-env.sh：配置 HBase 运行时的变量，如 Java 路径、RegionServer 相关参数等。

（2）hbase-site.xml：在这个文件中可以添加 HBase 的相关配置，如分布式的模式、ZooKeeper 的配置等。

首先修改 hbase-env.sh 文件，配置 Java 的运行环境，将其中的 JAVA_HOME 指向 Java 的安装目录，编辑 hbase-env.sh 文件，添加下面这一行代码：

```
export JAVA_HOME=/usr/java/jdk1.8.0_161
```

另外，ZooKeeper 可以作为 HBase 的一部分来管理启动，即 ZooKeeper 随着 HBase 的启动而启动，随其关闭而关闭，这时需要在 hbase-env.sh 中设置 HBASE_MANAGES_ZK 变量，即添加下面这一行代码：

```
export HBASE_MANAGES_ZK=true
```

当然 ZooKeeper 也可以作为独立的集群来运行，即完全与 HBase 脱离关系，这时需要设置 HBASE_MANAGES_ZK 变量为 false。

下面通过一个分布式集群示例来介绍如何配置 hbase-site.xml 文件，如下示例中的 <description></description> 标记对之间的内容是对每个属性的中文解释，在具体使用时可以不用修改，使用默认设置即可，代码如下：

```
<configuration>
  <property>
    <name> hbase.rootdir </name>
    <value>hdfs://example0:9000/hbase</value>
    <description> hbase.rootdir 是 RegionServer 的共享目录，用于持久化存储 HBase 数据，默认写入/tmp 中。如果不修改此配置，在 HBase 重启时，数据会丢失。此处一般设置的是 hdfs 的文件目录，如 NameNode 运行在 namenode.Example.org 主机的 9090 端口，则需要设置为 hdfs://namenode.example.org:9000/hbase
    </description>
  </property>
  <property>
    <name>hbase.cluster.distributed</name>
    <value>true</value>
```

```
        <description>此项用于配置 HBase 的部署模式，false 表示单机或者伪分布式模式，true 表示完全分
布式模式。
        </description>
    </property>
    <property>
        <name>hbase.zookeeper.quorum</name>
        <value>example1,example2,example3</value>
        <description>此项用于配置 ZooKeeper 集群所在的主机地址。example1、example2、example3 是
运行数据节点的主机地址。
        </description>
    </property>
    <property>
        <name>hbase.zookeeper.property.dataDir</name>
        <value>/var/zookeeper</value>
        <description>此项用于设置存储 ZooKeeper 的元数据，如果不设置默认存在/tmp 下，重启时数据会丢
失。
        </description>
    </property>
</configuration>
```

当然还有很多其他参数可以根据需求进行设置，具体可查看官网上的配置项。

另外，在完全分布式模式下，还需要修改 conf/regionservers 文件，此文件罗列了所有 Region 服务器的主机名。HBase 的运维脚本会依次迭代访问每一行来启动所有的 Region 服务器进程。

配置完上述文件后，需要同步这些文件到集群上的其他节点。

3. HBase 的启动和关闭

在 Master 服务器上已经配置了对集群中所有 Slave 机器的无密码登录，使用 start-hbase.sh 脚本即可启动整个集群。

首先，确认 HDFS 处于运行状态，使用 jps 命令查看 NameNode 和 DataNode 的服务是否正常启动。以下示例为伪分布式模式，因此 NameNode 和 DataNode 都在同一台机器上运行。

```
[root@localhost local]# jps
24371 NameNode
24680 SecondaryNameNode
24506 DataNode
```

然后，用如下命令启动 HBase，下例启动的是伪分布式集群，使用完全分布式模式的启动命令也是如此。

```
[root@localhost hbase]# bin/start-hbase.sh
```

```
localhost: starting zookeeper, logging to /usr/local/hbase/bin/../logs/hbase-root-
zookeeper-localhost.localdomain.out
    starting master, logging to /usr/local/hbase/bin/../logs/hbase-root-master-localhost.
localdomain.out
    starting regionserver, logging to /usr/local/hbase/bin/../logs/hbase-root-1-
regionserver-localhost.localdomain.out
```

接着，使用 jps 命令查看进程，如果是完全分布式模式，则在 Master 节点运行有 Hmaster 和
HQuorumPeer 进程，在 Slave 节点上运行 HRegionServer 和 HQuorumPeer 进程。

```
[root@localhost local]# jps
24371 NameNode
24680 SecondaryNameNode
26328 HRegionServer
24506 DataNode
26508 Jps
25455 HQuorumPeer
25519 HMaster
```

以上显示 HBase 集群正常启动，可以输入 hbase shell 命令进入 HBase 执行数据库的操作。

最后，使用 stop-hbase.sh 脚本关闭 HBase 集群，如下所示：

```
[root@localhost hbase]# bin/stop-hbase.sh
stopping hbase................................
localhost: stopping zookeeper.
```

小　　结

本章首先介绍了 HBase 的发展历程、HBase 的特性及其与 Hadoop 的关系。HBase 是以 HDFS
为基础的，HDFS 的多副本机制保证了 HBase 的高可靠性，可以使 HBase 在出现故障时自动恢复。

然后重点描述了 HDFS 的分布式架构，以及 HDFS 的分块机制和副本机制，并详细介绍了
HDFS 的读写文件的流程。

接着重点介绍了 HBase 拓扑结构中相关组件的功能，并举例说明 HBase 的应用场景。

最后介绍了 HBase 的安装与配置过程。

思 考 题

1. HBase 与关系型数据库的存储方式有哪些不同?

2. HDFS 如何实现数据的分块和复制?

3. HDFS 为 HBase 提供了什么能力?

4. HBase 的分布式架构中有哪些组件? 分别完成什么功能?

5. HBase 在安装部署之前需要安装哪些组件? HBase 的分布式架构如何配置?

第3章
HBase 数据模型与使用

HBase 是一种列存储模式与键值对存储模式结合的 NoSQL 数据库，它具有灵活的数据模型，不仅可以基于键进行快速查询，还可以实现基于值、列名等的全文遍历和检索。HBase 可以实现自动的数据分片，用户不需要知道数据存储在哪个节点上，只要说明检索的要求，系统会自动进行数据的查询和反馈。

本章首先介绍 HBase 的基本概念和数据模型，然后介绍 HBase Shell 客户端操作 HBase 的基本方法，最后基于 Java 和 Python 编程语言来操作 HBase。

3.1　HBase 数据模型

3.1.1　HBase 的基本概念

HBase 不支持关系模型，它可以根据用户的需求提供更灵活和可扩展的表设计。与传统的关系型数据库类似，HBase 也是以表的方式组织数据，应用程序将数据存于 HBase 的表中，HBase 的表也由行和列组成。但有一点不同的是，HBase 有列族的概念，它将一列或多列组织在一起，HBase 的每个列必须属于某一个列族。下面具体介绍 HBase 数据模型中一些名词的概念。

（1）表（Table）：HBase 中的数据以表的形式存储。同一个表中的数据通常是相关的，使用表主要是可以把某些列组织起来一起访问。表名作为 HDFS 存储路径的一部分来使用，在 HDFS 中可以看到每个表名都作为独立的目录结构。

（2）行（Row）：在 HBase 表里，每一行代表一个数据对象，每一行都以行键（Row Key）来进行唯一标识，行键可以是任意字符串。在 HBase 内部，行键是不可分割的字节数组，并且行键是按照字典排序由低到高存储在表中的。在 HBase 中可以针对行键建立索引，提高检索数据的速度。

（3）列族（Column Family）：HBase 中的列族是一些列的集合，列族中所有列成员有着相同的前缀，列族的名字必须是可显示的字符串。列族支持动态扩展，用户可以很轻松地添加一个列族或列，无须预定义列的数量以及类型。所有列均以字符串形式存储，用户在使用时需要自行进行数据类型转换。

（4）列标识（Column Qualifier）：列族中的数据通过列标识来进行定位，列标识也没有特定的数据类型，以二进制字节来存储。通常以 Column Family: Column Qualifier 来确定列族中的某列。

（5）单元格（Cell）：每一个行键、列族、列标识共同确定一个单元格，单元格的内容没有特定的数据类型，以二进制字节来存储。每个单元格保存着同一份数据的多个版本，不同时间版本的数据按照时间先后顺序排序，最新的数据排在最前面。单元格可以用<RowKey,Column Family: Column Qualifier,Timestamp>元组来进行访问。

（6）时间戳（Timestamp）：在默认情况下，每一个单元格插入数据时都会用时间戳来进行版本标识。读取单元格数据时，如果时间戳没有被指定，则默认返回最新的数据；写入新的单元格数据时，如果没有设置时间戳，默认使用当前时间。每一个列族的单元数据的版本数量都被 HBase 单独维护，默认情况下 HBase 保留 3 个版本数据。

3.1.2 数据模型

表是 HBase 中数据的逻辑组织方式，从用户视角来看，HBase 表的逻辑模型如表 3-1 所示。HBase 中的一个表有若干行，每行有多个列族，每个列族中包含多个列，而列中的值有多个版本。表 3-1 展示的是 HBase 中的学生信息表 Student，有三行记录和两个列族，行键分别为 0001、0002 和 0003，两个列族分别为 StuInfo 和 Grades，每个列族中含有若干列，如列族 StuInfo 包括 Name、Age、Sex 和 Class 四列，列族 Grades 包括 BigData、Computer 和 Math 三列。在 HBase 中，列不是固定的表结构，在创建表时，不需要预先定义列名，可以在插入数据时临时创建。

表 3-1　　　　　　　　　　　　　　　　　HBase 逻辑数据模型

行键	列族 StuInfo				列族 Grades			时间戳
	Name	Age	Sex	Class	BigData	Computer	Math	
0001	Tom Green	18	Male		80	90	85	T2
0002	Amy	19		01	95		89	T1
0003	Allen	19	Male	02	90		88	T1

从表 3-1 的逻辑模型来看，HBase 表与关系型数据库中的表结构之间似乎没有太大差异，只不过多了列族的概念。但实际上是有很大差别的，关系型数据库中表的结构需要预先定义，如列名及其数据类型和值域等内容。如果需要添加新列，则需要修改表结构，这会对已有的数据产生很大影响。同时，关系型数据库中的表为每个列预留了存储空间，即表 3-1 中的空白 Cell 数据在关系型数据库中以 "NULL" 值占用存储空间。因此，对稀疏数据来说，关系型数据库表中就会产生很多 "NULL" 值，消耗大量的存储空间。

在 HBase 中，如表 3-1 中的空白 Cell 在物理上是不占用存储空间的，即不会存储空白的键值对。因此，若一个请求为获取 RowKey 为 0001 在 T2 时间的 StuInfo:class 值时，其结果为空。类似地，若一个请求为获取 RowKey 为 0002 在 T1 时间的 Grades:Computer 值时，其结果也为空。

与面向行存储的关系型数据库不同，HBase 是面向列存储的，且在实际的物理存储中，列族是分开存储的，即表 3-1 中的学生信息表将被存储为 StuInfo 和 Grades 两个部分。表 3-2 展示了 StuInfo 这个列族的实际物理存储方式，列族 Grades 的存储与之类似。在表 3-2 中可以看到空白 Cell 是没有被存储下来的。

表 3-2　　　　　　　　　　　　　StuInfo 列族的物理存储方式

行键	列标识	值	时间戳
0001	Name	TomGreen	T2
0001	Age	18	T2
0001	Sex	Male	T2
0002	Name	Amy	T1
0002	Age	19	T1
0002	Class	01	T1
0003	Name	Allen	T1
0003	Age	19	T1
0003	Sex	Male	T1
0003	Class	02	T1

3.2　HBase Shell 基本操作

用户可以使用 HBase Shell，通过命令行的方式与 HBase 进行交互。HBase Shell 是一个封装了 Java 客户端 API 的 JRuby 应用软件，在 HBase 的 HMaster 主机上通过命令行输入 hbase shell，即可进入 HBase 命令行环境，如图 3-1 所示。

```
[root@localhost bin]# hbase shell
HBase Shell; enter 'help<RETURN>' for list of supported commands.
Type "exit<RETURN>" to leave the HBase Shell
Version 1.2.6, rUnknown, Mon May 29 02:25:32 CDT 2017

hbase(main):001:0>
```

图 3-1   HBase Shell 命令行环境

在 Shell 中输入 help 可以获取可用命令列表,输入 help commandname 可获取特定命令的帮助,还可以输入各种命令查看集群、数据库和数据的各项详情。例如,使用 status 命令查看当前集群各节点的状态,使用 version 命令查看当前 HBase 的版本号,输入命令 exit 或 quit 即可退出 HBase Shell。

3.2.1   数据定义

与关系型数据库不同,在 HBase 中,基本组成为表,不存在多个数据库。因此,在 HBase 中存储数据先要创建表,创建表的同时需要设置列族的数量和属性。HBase Shell 中对表的操作命令如表 3-3 所示。

表 3-3   HBase Shell 数据定义命令

命令	描述
create	创建指定模式的新表
alter	修改表的结构,如添加新的列族
describe	展示表结构的信息,包括列族的数量与属性
list	列出 HBase 中已有的表
disable/enable	为了删除或更改表而禁用一个表,更改完后需要解禁表
disable_all	禁用所有的表,可以用正则表达式匹配表
is_disable	判断一个表是否被禁用
drop	删除表
truncate	如果只是想删除数据而不是表结构,则可用 truncate 来禁用表、删除表并自动重建表结构

下面对上述几个命令的使用方法做详细介绍。

1. 创建表

HBase 中创建表需要指明表名和列族名,如创建表 3-1 中的学生信息表 Student 的命令如下:

```
create 'Student','StuInfo','Grades'
```

这条命令创建了名为 Student 的表,表中包含两个列族,分别为 StuInfo 和 Grades。注意在 HBase Shell 语法中,所有字符串参数都必须包含在单引号中,且区分大小写,如 Student 和 student

代表两个不同的表。另外，在上条命令中没有对列族参数进行定义，因此使用的都是默认参数，如果建表时要设置列族的参数，参考以下方式：

```
create 'Student', {NAME => 'StuInfo', VERSIONS => 3}, {NAME =>
'Grades', BLOCKCACHE => true}
```

大括号内是对列族的定义，NAME、VERSION 和 BLOCKCACHE 是参数名，无须使用单引号，符号=>表示将后面的值赋给指定参数。例如，VERSIONS => 3 是指此单元格内的数据可以保留最近的 3 个版本，BLOCKCACHE => true 指允许读取数据时进行缓存。

创建表结构以后，可以使用 exsits 命令查看此表是否存在，或使用 list 命令查看数据库中所有表，如图 3-2 所示。

```
hbase(main):005:0> exsits 'Student'
Table Student does exist
0 row(s) in 0.2080 seconds

hbase(main):006:0> list
TABLE
Student
hbase_thrift
student
test
8 row(s) in 0.0560 seconds

=> ["Student", "hbase_thrift", "student", "test"]
```

图 3-2　exsits 和 list 命令

还可以使用 describe 命令查看指定表的列族信息，如图 3-3 所示。

```
hbase(main):006:0> describe 'Student'
Table Student is ENABLED
Student
COLUMN FAMILIES DESCRIPTION
{NAME => 'Grades', BLOOMFILTER => 'ROW', VERSIONS => '1', IN_MEMORY => 'false', KEEP_DE
LETED_CELLS => 'FALSE', DATA_BLOCK_ENCODING => 'NONE', TTL => 'FOREVER', COMPRESSION =>
 'NONE', MIN_VERSIONS => '0', BLOCKCACHE => 'true', BLOCKSIZE => '65536', REPLICATION_S
COPE => '0'}
{NAME => 'StuInfo', BLOOMFILTER => 'ROW', VERSIONS => '3', IN_MEMORY => 'false', KEEP_D
ELETED_CELLS => 'FALSE', DATA_BLOCK_ENCODING => 'NONE', TTL => 'FOREVER', COMPRESSION =
> 'NONE', MIN_VERSIONS => '0', BLOCKCACHE => 'true', BLOCKSIZE => '65536', REPLICATION_
SCOPE => '0'}
2 row(s) in 0.0340 seconds
```

图 3-3　describe 命令

describe 命令描述了表的详细结构，包括有多少个列族、每个列族的参数信息，这些显示的参数都可以使用 alter 命令进行修改。

2. 更改表结构

HBase 表的结构和表的管理可以通过 alter 命令来完成，使用这个命令可以完成更改列族参数信息、增加列族、删除列族以及更改表的相关设置等操作。

首先修改列族的参数信息，如修改列族的版本，图 3-2 中显示列族 Grades 的 VERSIONS 为 1。但是实际可能需要保存最近的 3 个版本，可使用以下命令完成：

```
alter 'Student', {NAME => 'Grades', VERSIONS => 3}
```

修改多个列族的参数，形式与 create 命令类似。这里要注意修改已存有数据的列族属性时，HBase 需要对列族里所有的数据进行修改，如果数据量很大，则修改可能要占很长时间。

如果需要在 Student 表中新增一个列族 hobby，使用以下命令：

```
alter 'Student', 'hobby'
```

如果要移除或者删除已有的列族，以下两条命令均可完成：

```
alter 'Student', {NAME=>'hobby', METHOD=>'delete'}
alter 'Student', 'delete' => 'hobby'
```

另外，HBase 表至少要包含一个列族，因此当表中只有一个列族时，无法将其删除。

3. 删除表

删除表之前需要先禁用表，再进行删除，使用以下命令完成表的删除：

```
disable 'Student'
drop 'Student'
```

其中，使用 disable 禁用表以后，可以使用 is_disable 查看表是否禁用成功。

另外，如果只是想清空表中的所有数据，使用 truncate 命令即可，此命令相当于完成禁用表、删除表，并按原结构重新建立表操作：

```
truncate 'Student'
```

3.2.2　数据操作

在 HBase 中对表的数据进行增删改查操作的命令如表 3-4 所示。

表 3-4　　　　　　　　　　　　　　　HBase Shell 数据操作命令

命令	描述
put	添加一个值到指定单元格中
get	通过表名、行键等参数获取行或单元格数据
scan	遍历表并输出满足指定条件的行记录
count	计算表中的逻辑行数
delete	删除表中列族或列的数据

1. put

HBase 中插入数据使用 put 命令，put 向表中增加一个新行数据，或覆盖指定行的数据：

```
put 'Student', '0001', 'StuInfo:Name','Tom Green',1
```

在上述命令中，第一个参数 Student 为表名；第二个参数 0001 为行键的名称，为字符串类型；

第三个参数 StuInfo:Name 为列族和列的名称，中间用冒号隔开，列族名必须是已经创建的，否则 HBase 会报错；列名是临时定义的，因此列族里的列是可以随意扩展的；第四个参数 Tom Green 为单元格的值，在 HBase 里，所有数据都是字符串的形式；最后一个参数 1 为时间戳，如果不设置时间戳，则系统会自动插入当前时间为时间戳。

注意，put 命令只能插入单元格的数据，表 3-1 中的一行数据需要通过以下几条命令一起完成：

```
put 'Student', '0001', 'StuInfo:Name','Tom Green',1
put 'Student', '0001', 'StuInfo:Age','18'
put 'Student', '0001', 'StuInfo:Sex','Male'
put 'Student', '0001', 'Grades:BigData','80'
put 'Student', '0001', 'Grades:Computer','90'
put 'Student', '0001', 'Grades:Math','85'
```

如果 put 语句中的单元格是已经存在的，即行键、列族及列名都已经存在，且不考虑时间戳的情况下，执行 put 语句，则可对数据进行更新操作。如以下命令可将行键为 0001 的学生姓名改为 Jim Green：

```
put 'Student', '0001', 'StuInfo:Name','Jim Green'
```

如果在初始创建表时，已经设定了列族 VERSIONS 参数值为 n，则 put 操作可以保存 n 个版本数据，即可查询到行键为 0001 的学生的 n 个版本的姓名数据。

2. delete

delete 命令可以从表中删除一个单元格或一个行集，语法与 put 类似，必须指明表名和列族名称，而列名和时间戳是可选的。例如，执行以下命令，将删除 Student 表中行键为 0002 的 Grades 列族的所有数据：

```
delete 'Student', '0002', 'Grades'
```

需要注意的是，delete 操作并不会马上删除数据，只会将对应的数据打上删除标记（tombstone），只有在合并数据时，数据才会被删除。

另外，delete 命令的最小粒度是 Cell，例如，执行以下命令将删除 Student 表中行键为 0001，Grades 列族成员为 Math，时间戳小于等于 2 的数据：

```
delete 'Student', '0001', 'Grades:Math',2
```

delete 命令不能跨列族操作，如需删除表中所有列族在某一行上的数据，即删除表 3-1 中一个逻辑行，则需要使用 deleteall 命令，如下所示，不需要指定列族和列的名称：

```
deleteall 'Student', '0001'
```

3. get

get 命令可以从 HBase 表中获取某一行记录，类似于关系型数据库中的 select 操作，get 命令必须设置表名和行键名，同时可以选择指明列族名称、时间戳范围、数据版本等参数。例如，执行以下命令可以获取 Student 表中行键为 0001 的所有列族数据：

```
get 'Student','0001'
```

图 3-4 展示了在 get 语句中使用限定词 VERSIONS 后获取的数据内容。

```
hbase(main):020:0> put 'Student', '0001', 'StuInfo:Name','jim green',2
0 row(s) in 0.0140 seconds

hbase(main):021:0> put 'Student', '0001', 'StuInfo:Name','jerry',3
0 row(s) in 0.0140 seconds

hbase(main):022:0> put 'Student', '0001', 'StuInfo:Name','curry',4
0 row(s) in 0.0690 seconds

hbase(main):023:0> hbase(main):002:0> get 'Student','0001',{COLUMN => 'StuInfo',VERSIONS => 2}
COLUMN                          CELL
 StuInfo:Age                    timestamp=1541039335956,value=18
 StuInfo:Name                   timestamp=4,value=curry
 StuInfo:Name                   timestamp=3,value=jerry
 StuInfo:Sex                    timestamp=1541039336280,value=Male
4 row(s) in 0.0240 seconds
```

图 3-4 get 命令

图 3-4 中首先 put 三条数据，因为初始创建 Student 表和 StuInfo 列族时，已经设定 VERSIONS 为 3，即使用 get 获取数据时最多得到 3 个版本的数据。图 3-4 中的 get 命令使用了限定词 VERSIONS=>2，因此 get 得到的数据只显示了 StuInfo:Name 最小的两个版本。

4. scan

使用 scan 命令只需指定表名即可查询全表数据。

```
scan 'Student'
```

同样地，还可以指定列族和列的名称，或指定输出行数，甚至指定输出行键范围，如图 3-5 所示。scan 指定条件输出时，需要使用大括号将参数包含起来。注意指定列族和列名称使用 COLUMN 限定符；指定输出行键范围使用 STARTROW 和 ENDROW 限定符，此时输出行不包括 ENDROW 行。例如，图 3-5 中 ENDROW=>0003，只会输出行键为 0002 的记录，不会输出 0003 记录。

上述限定条件也可以联合使用，中间用逗号隔开即可。

在 HBase 中，具有相同行键的单元格，无论其属于哪个列族，都可以将整体看作一个逻辑行，使用 count 命令可以计算表的逻辑行数。在关系型数据库中，有多少条记录就有多少行，表中的行数很容易统计。而在 HBase 里，计算逻辑行需要扫描全表的内容，重复的行键是不纳入计数的，且标记为 tombstone 的删除数据也不纳入计数。执行 count 命令其实是一个开销较大的进程，特别是应用在大数据场景时，可能需要持续很长时间，因此，用户一般会结合 Hadoop 的 MapReduce 架构来进行分布式的扫描计数。

```
#指定列族名称
hbase(main):002:0> scan 'Student', {COLUMN=>'StuInfo'}
ROW                          COLUMN+CELL
 0001                        column=StuInfo:Age, timestamp=1541039335956, value=18
 0001                        column=StuInfo:Name, timestamp=4, value=curry
 0001                        column=StuInfo:Sex, timestamp=1541039336280, value=Male
1 row(s) in 0.0820 seconds

#指定列族和列的名称
hbase(main):003:0> scan 'Student', {COLUMN=>'StuInfo:Name'}
ROW                          COLUMN+CELL
 0001                        column=StuInfo:Name, timestamp=4, value=curry
1 row(s) in 0.2300 seconds

#指定输出行数
hbase(main):004:0> scan 'Student', {LIMIT => 1}
ROW                          COLUMN+CELL
 0001                        column=Grades:BigData, timestamp=1541039459116, value=80
 0001                        column=Grades:Computer, timestamp=1541039459299, value=90
 0001                        column=Grades:Math, timestamp=1541039459430, value=85
 0001                        column=StuInfo:Age, timestamp=1541039335956, value=18
 0001                        column=StuInfo:Name, timestamp=4, value=curry
 0001                        column=StuInfo:Sex, timestamp=1541039336280, value=Male
1 row(s) in 0.1180 seconds

#指定输出行键范围
hbase(main):006:0> scan 'Student', {STARTROW =>'0001',ENDROW => '0003'}
ROW                          COLUMN+CELL
 0001                        column=Grades:BigData, timestamp=1541039459116, value=80
 0001                        column=Grades:Computer, timestamp=1541039459299, value=90
 0001                        column=Grades:Math, timestamp=1541039459430, value=85
 0001                        column=StuInfo:Age, timestamp=1541039335956, value=18
 0001                        column=StuInfo:Name, timestamp=4, value=curry
 0001                        column=StuInfo:Sex, timestamp=1541039336280, value=Male
 0002                        column=Grades:Math, timestamp=1541040264452, value=85
2 row(s) in 0.0260 seconds
```

图 3-5　scan 指定参数扫描数据

3.2.3　过滤器操作

在 HBase 中，get 和 scan 操作都可以使用过滤器来设置输出的范围，类似 SQL 里的 Where 查询条件。使用 show_filter 命令可以查看当前 HBase 支持的过滤器类型，如图 3-6 所示。

```
hbase(main):011:0> show_filters
DependentColumnFilter
KeyOnlyFilter
ColumnCountGetFilter
SingleColumnValueFilter
PrefixFilter
SingleColumnValueExcludeFilter
FirstKeyOnlyFilter
ColumnRangeFilter
TimestampsFilter
FamilyFilter
QualifierFilter
ColumnPrefixFilter
RowFilter
MultipleColumnPrefixFilter
InclusiveStopFilter
PageFilter
ValueFilter
ColumnPaginationFilter
```

图 3-6　HBase 中的过滤器

使用上述过滤器时，一般需要配合比较运算符或比较器使用，如图 3-7 所示。

比较运算符	描述
=	等于
>	大于
>=	大于等于
<	小于
<=	小于等于
!=	不等于

比较器	描述
BinaryComparator	匹配完整字节数组
BinaryPrefixComparator	匹配字节数组前缀
BitComparator	匹配比特位
NullComparator	匹配空值
RegexStringComparator	匹配正则表达式
SubstringComparator	匹配子字符串

图 3-7　比较运算符和比较器

使用过滤器的语法格式如下所示：

```
scan '表名',{Filter => "过滤器(比较运算符,'比较器')"}
```

在上述语法中，Filter=>指明过滤的方法，整体可用大括号引用，也可以不用大括号。过滤的方法用双引号引用，而比较方式用小括号引用。

下面介绍常见的过滤器使用方法。

1. 行键过滤器

RowFilter 可以配合比较器和运算符，实现行键字符串的比较和过滤。例如，匹配行键中大于 0001 的数据，可使用 binary 比较器；匹配以 0001 开头的行键，可使用 substring 比较器，注意 substring 不支持大于或小于运算符。实现上述匹配条件的过滤命令以及显示结果如图 3-8 所示。

```
hbase(main):002:0> scan 'Student', FILTER=>"RowFilter(=,'substring:0001')"
ROW              COLUMN+CELL
0001             column=Grades:BigData, timestamp=1541039459116, value=80
0001             column=Grades:Computer, timestamp=1541039459299, value=90
0001             column=Grades:Math, timestamp=1541039459430, value=85
0001             column=StuInfo:Age, timestamp=1541039335956, value=18
0001             column=StuInfo:Name, timestamp=4, value=curry
0001             column=StuInfo:Sex, timestamp=1541039336280, value=Male
1 row(s) in 0.1750 seconds

hbase(main):003:0> scan 'Student', FILTER=>"RowFilter(>,'binary:0001')"
ROW              COLUMN+CELL
0002             column=Grades:Math, timestamp=1541040264452, value=85
1 row(s) in 0.0940 seconds
```

图 3-8　RowFilter 过滤

针对行键进行匹配的过滤器还有 PrefixFilter、KeyOnlyFilter、FirstKeyOnlyFilter 和 InclusiveStopFilter，其具体含义和使用示例如表 3-5 所示。其中，FirstKeyOnlyFilter 过滤器可以用来实现对逻辑行进行计数的功能，并且比其他计数方式效率高。

表 3-5　　　　　　　　　　　　　其他行键过滤器描述

行键过滤器	描述	示例
PrefixFilter	行键前缀比较器，比较行键前缀	scan 'Student', FILTER=>"PrefixFilter('0001')" 同 scan 'Student', FILTER=>"RowFilter (=, 'substring:0001')"

续表

行键过滤器	描述	示例
KeyOnlyFilter	只对单元格的键进行过滤和显示，不显示值	scan 'Student', FILTER=>"KeyOnlyFilter()"
FirstKeyOnlyFilter	只扫描显示相同键的第一个单元格，其键值对会显示出来	scan 'Student', FILTER=>"FirstKeyOnlyFilter()"
InclusiveStopFilter	替代 ENDROW 返回终止条件行	scan 'Student', {STARTROW =>'0001', FILTER=>"InclusiveStopFilter('binary:0002')"} 同 scan 'Student', {STARTROW =>'0001',ENDROW => '0003'}

表 3-5 中的命令示例操作结果如图 3-9 所示。

```
hbase(main):001:0> scan 'Student', FILTER=>"PrefixFilter('0001')"
ROW              COLUMN+CELL
0001             column=Grades:BigData, timestamp=1541039459116, value=80
0001             column=Grades:Computer, timestamp=1541039459299, value=90
0001             column=Grades:Math, timestamp=1541039459430, value=85
0001             column=StuInfo:Age, timestamp=1541039335956, value=18
0001             column=StuInfo:Name, timestamp=4, value=curry
0001             column=StuInfo:Sex, timestamp=1541039336280, value=Male
1 row(s) in 0.4860 seconds

hbase(main):002:0> scan 'Student', FILTER=>"KeyOnlyFilter()"
ROW              COLUMN+CELL
0001             column=Grades:BigData, timestamp=1541039459116, value=
0001             column=Grades:Computer, timestamp=1541039459299, value=
0001             column=Grades:Math, timestamp=1541039459430, value=
0001             column=StuInfo:Age, timestamp=1541039335956, value=
0001             column=StuInfo:Name, timestamp=4, value=
0001             column=StuInfo:Sex, timestamp=1541039336280, value=
0002             column=Grades:Math, timestamp=1541040264452, value=
2 row(s) in 0.0900 seconds

hbase(main):003:0> scan 'Student', FILTER=>"FirstKeyOnlyFilter()"
ROW              COLUMN+CELL
0001             column=Grades:BigData, timestamp=1541039459116, value=80
0002             column=Grades:Math, timestamp=1541040264452, value=85
2 row(s) in 0.0770 seconds

hbase(main):004:0> scan 'Student', {STARTROW =>'0001', FILTER=>" InclusiveStopFilter('binary:0002')"}
ROW              COLUMN+CELL
0001             column=Grades:BigData, timestamp=1541039459116, value=80
0001             column=Grades:Computer, timestamp=1541039459299, value=90
0001             column=Grades:Math, timestamp=1541039459430, value=85
0001             column=StuInfo:Age, timestamp=1541039335956, value=18
0001             column=StuInfo:Name, timestamp=4, value=curry
0001             column=StuInfo:Sex, timestamp=1541039336280, value=Male
0002             column=Grades:Math, timestamp=1541040264452, value=85
2 row(s) in 0.0780 seconds
```

图 3-9　其他行键过滤器操作结果

2. 列族与列过滤器

针对列族进行过滤的过滤器为 FamilyFilter，其语法结构与 RowFilter 类似，不同之处在于 FamilyFilter 是对列族名称进行过滤的。例如，以下命令扫描 Student 表显示列族为 Grades 的行。

```
scan 'Student', FILTER=>" FamilyFilter (=, 'substring:Grades')"
```

针对列的过滤器如表 3-6 所示，这些过滤器也需要结合比较运算符和比较器进行列族或列的扫描过滤。

表 3-6   列过滤器描述

列过滤器	描述	示例
QualifierFilter	列标识过滤器，只显示对应列名的数据	scan 'Student', FILTER=> "QualifierFilter (=, 'substring:Math')"
ColumnPrefixFilter	对列名称的前缀进行过滤	scan 'Student', FILTER=> "ColumnPrefixFilter ('Ma')"
MultipleColumnPrefixFilter	可以指定多个前缀对列名称过滤	scan 'Student', FILTER=> "MultipleColumnPrefixFilter ('Ma','Ag')"
ColumnRangeFilter	过滤列名称的范围	scan 'Student', FILTER=>" ColumnRangeFilter ('Big',true,'Math',false)"

表 3-6 中 QualifierFilter 和 ColumnPrefixFilter 过滤效果类似，只是 ColumnPrefixFilter 无须结合运算符和比较器即可完成字符串前缀的过滤。MultipleColumnPrefixFilter 过滤器是对 ColumnPrefixFilter 的延伸，可以一次过滤多个列前缀。ColumnRangeFilter 过滤器则可以扫描出符合过滤条件的列范围，起始和终止列名用单引号引用，true 和 false 参数可指明结果中包含的起始或终止列。表 3-6 中的过滤器示例在 HBase Shell 中扫描结果如图 3-10 所示。

```
hbase(main):036:0> scan 'Student'
ROW              COLUMN+CELL
0001             column=Grades:BigData, timestamp=1541039459116, value=80
0001             column=Grades:Computer, timestamp=1541039459299, value=90
0001             column=Grades:Math, timestamp=1541039459430, value=85
0001             column=StuInfo:Age, timestamp=1541039335956, value=18
0001             column=StuInfo:Name, timestamp=4, value=curry
0001             column=StuInfo:Sex, timestamp=1541039336280, value=Male
0002             column=Grades:Math, timestamp=1541040264452, value=85
2 row(s) in 0.0640 seconds

hbase(main):037:0> scan 'Student', FILTER=>" QualifierFilter (=, 'substring:Math')"
ROW              COLUMN+CELL
0001             column=Grades:Math, timestamp=1541039459430, value=85
0002             column=Grades:Math, timestamp=1541040264452, value=85
2 row(s) in 0.0710 seconds

hbase(main):038:0> scan 'Student', FILTER=>" ColumnPrefixFilter ('Ma')"
ROW              COLUMN+CELL
0001             column=Grades:Math, timestamp=1541039459430, value=85
0002             column=Grades:Math, timestamp=1541040264452, value=85
2 row(s) in 0.0260 seconds

hbase(main):039:0> scan 'Student', FILTER=>" MultipleColumnPrefixFilter ('Ma','Ag')"
ROW              COLUMN+CELL
0001             column=Grades:Math, timestamp=1541039459430, value=85
0001             column=StuInfo:Age, timestamp=1541039335956, value=18
0002             column=Grades:Math, timestamp=1541040264452, value=85
2 row(s) in 0.0520 seconds

hbase(main):040:0> scan 'Student', FILTER=>" ColumnRangeFilter ('Big',true,'Math',false)"
ROW              COLUMN+CELL
0001             column=Grades:BigData, timestamp=1541039459116, value=80
0001             column=Grades:Computer, timestamp=1541039459299, value=90
1 row(s) in 0.0360 seconds
```

图 3-10 列过滤器

3. 值过滤器

在 HBase 的过滤器中也有针对单元格进行扫描的过滤器，即值过滤器，如表 3-7 所示。

表 3-7　　　　　　　　　　　　　　　　　　值过滤器描述

值过滤器	描述	示例
ValueFilter	值过滤器，找到符合值条件的键值对	scan 'Student', FILTER=>"ValueFilter(=, 'substring:curry')" 同 get 'Student', '0001',FILTER=>"ValueFilter(=, 'substring:curry')"
SingleColumnValueFilter	在指定的列族和列中进行比较的值过滤器	scan 'Student',Filter=>"SingleColumnValueFilter ('StuInfo','Name',=,'binary:curry')"
SingleColumnValueExcludeFilter	排除匹配成功的值	scan 'Student',Filter=> "SingleColumnValueExcludeFilter ('StuInfo','Name',=,'binary:curry')"

　　ValueFilter 过滤器可以利用 get 和 scan 方法对单元格进行过滤，但是使用 get 方法时，需要指定行键。SingleColumnValueFilter 和 SingleColumnValueExcludeFilter 过滤器扫描的结果是相反的，都需要在过滤条件中指定列族和列的名称。表 3-7 中的值过滤器示例在 HBase Shell 中扫描结果如图 3-11 所示。

```
hbase(main):002:0> scan 'Student',FILTER=>"SingleColumnValueFilter('StuInfo','Name',=,'substring:curry')"
ROW                    COLUMN+CELL
0001                   column=StuInfo:Name, timestamp=4, value=curry
2 row(s) in 0.0870 seconds
hbase(main):003:0> scan 'Student',FILTER=>"SingleColumnValueExcludeFilter('StuInfo','Name',=,'substring:curry')"
ROW                    COLUMN+CELL
0001                   column=Grades:BigData, timestamp=1541039459116, value=80
0001                   column=Grades:Computer, timestamp=1541039459299, value=90
0001                   column=Grades:Math, timestamp=1541039459430, value=85
0001                   column=StuInfo:Age, timestamp=1541039335956, value=18
0001                   column=StuInfo:Sex, timestamp=1541039336280, value=Male
0002                   column=Grades:Math, timestamp=1541040264452, value=85
2 row(s) in 0.0520 seconds
```

图 3-11　值过滤器

4. 其他过滤器

还有一些其他的过滤器，其过滤方式和示例如表 3-8 所示。

表 3-8　　　　　　　　　　　　　　　　　　其他过滤器描述

值过滤器	描述	示例
ColumnCountGetFilter	限制每个逻辑行返回键值对的个数，在 get 方法中使用	get 'Student', '0001',FILTER=>" ColumnCountGetFilter (3)"
TimestampsFilter	时间戳过滤，支持等值，可以设置多个时间戳	scan 'Student',Filter=>" TimestampsFilter(1,4) "
InclusiveStopFilter	设置停止行	scan 'Student', {STARTROW=>'0001',ENDROW =>'0005',FILTER=>"InclusiveStopFilter('0003')"}
PageFilter	对显示结果按行进行分页显示	scan 'Student', {STARTROW=>'0001',ENDROW =>'0005',FILTER=>"PageFilter(3)"}
ColumnPaginationFilter	对一行的所有列分页，只返回 [offset, offset+limit]范围内的列	scan 'Student', {STARTROW=>'0001',ENDROW =>'0005',FILTER=>"ColumnPaginationFilter(2,1)"}

ColumnCountGetFilter 过滤器限制每个逻辑行返回多少列，一般不用在 scan 方法中，Timestamps Filter 匹配相同时间戳的数据。InclusiveStopFilter 过滤器设置停止行，且包含停止的行，表 3-8 中示例最终展示数据为行键 0001～0003 范围内的数据。PageFilter 设置每页最多显示多少逻辑行，示例中显示三个逻辑行。ColumnPaginationFilter 过滤器对一个逻辑行的所有列进行分页显示。

3.3　HBase 编程方法

3.2 节介绍了在 HBase Shell 客户端中如何实现 HBase 数据的定义和操作，其实 HBase 还有很多其他的客户端，针对不同的编程语言还开发了不同的客户端。本节将简单介绍一些可用的客户端，包括常用的原生 Java 客户端和 Thrift 客户端，这两个客户端与 HBase Shell 客户端是最常用和最重要的三种客户端。

3.3.1　基于 Java 的编程方法

HBase 官方代码包里含有原生访问客户端，由 Java 语言实现，相关的类在 org.apache.hadoop. hbase.client 包中，都是与 HBase 数据存储管理相关的 API。例如，若要管理 HBase，则用 Admin 接口来创建、删除、更改表；若要向表格添加数据或查询数据，则使用 Table 接口等。下面主要介绍 Admin 和 Table 接口以及 HBaseConfiguration、HTableDescriptor、HCloumnDescriptor、Put、Get、Result、Scan 这些类的功能和常用方法。

1.　开发环境配置

使用 Java 开发 Hbase，只需要将用到的 HBase 库包加入引用路径即可。本书使用 Eclipse 集成开发环境进行编程，如果系统已经安装 Maven，可以创建 Maven 项目，在 pom.xml 配置 HBase 的依赖即可自动下载 jar 包。下面讲解如何在 Eclipse 中手动导入 HBase 库包。

首先创建 Java 工程，然后鼠标右键单击工程名，选择属性，在"Java 构建路径"→"库"→"添加外部 JAR"中找到 HBase 安装目录下的 lib 子目录，将需要的库包导入工程，即可进行基本的 HBase 操作，如图 3-12 所示。

然后在工程目录 src 下新建类文件，在 Java 文件中导入需要的 HBase 包，如 HBase 的环境配置包、HBase 客户端接口、工具包等：

```
import org.apache.hadoop.conf.Configuration;
import org.apache.hadoop.hbase.*;
import org.apache.hadoop.hbase.client.*;
import org.apache.hadoop.hbase.util.Bytes;
```

在使用过程中可以根据需要加入更多的包，如 HBase 的过滤器等。

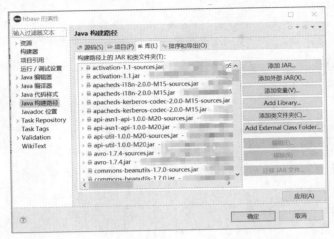

图 3-12　eclipse 引用 HBase 库包

2. 构建 Java 客户端

在分布式环境下，客户端访问 HBase 需要通过 ZooKeeper 的地址和端口来获取当前活跃的 Master 和所需的 RegionServer 地址。因此需要先用 HBaseCongifuration 类配置 ZooKeeper 的地址和端口，然后再使用 Connection 类建立连接。示例代码如下：

```java
public static Configuration conf;
public static Connection connection;
public void getconnect() throws IOException
{
conf=HBaseConfiguration.create();
conf.set("hbase.zookeeper.quorum", "cm-cdh01");
conf.set("hbase.zookeeper.property.clientPort", "2181");
try{
    connection=ConnectionFactory.createConnection(conf);
}
catch(IOException e){
    e.printStackTrace();
}
}
```

cm-cdh01 为 ZooKeeper 的地址，2181 为端口号。HBaseConfiguration.create()方法用来创建相关配置，然后使用此配置信息进行数据库的连接。

3. 表操作

连接数据库后，完成表的创建和删除。示例代码如下：

```
public void createtable() throws IOException
{
TableName tableName = TableName.valueOf("Student");
Admin admin = connection.getAdmin();
if(admin.tableExists(tableName))
{
    admin.disableTable(tableName);
    admin.deleteTable(tableName);
    System.out.println(tableName.toString()+"is exist,delete it");
}
HTableDescriptor tdesc=new HTableDescriptor(tableName);
HColumnDescriptor colDesc = new HColumnDescriptor("StuInfo");
tdesc.addFamily(colDesc);
tdesc.addFamily(new HColumnDescriptor("Grades"));
admin.createTable(tdesc);
admin.close();
}
```

其中，Admin 是 Java 的接口类型，在使用 Admin 时，必须调用 Connection.getAdmin()方法返回一个子对象，然后用这个 Admin 接口来操作返回的子对象方法。这个接口用于管理 HBase 数据库的表信息，包括创建、删除表和列出所有表项等，主要的方法参见表 3-9。

表 3-9   Admin 接口的主要方法

方法返回类型	方法描述
viod	abort(String why, Throwable e) 终止服务器或客户端
viod	closeRegion(byte[] regionname, String serverName) 关闭 Region
viod	createTable(TableDescriptor desc) 创建表
viod	deleteTable(TableName tableName) 删除表
viod	disableTable(TableName tableName) 使表无效
viod	enableTable(TableName tableName) 使表有效
HTableDescriptor[]	listTables() 列出所有表项
HTableDescriptor[]	getTableDescriptor(TableName tableName) 获取表的详细信息

HTableDescriptor 类包含了 HBase 中表格的详细信息，例如，表中的列族、该表的类型、是否只读、MemStore 的最大空间等，相当于在 HBase Shell 中使用 describe 命令所看到的表的信息。HTableDescriptor 类提供了一些操作表的方法，如增加列族 addFamliy()、删除列族 removeFamily() 和设置属性值 setValue()等方法。

HCloumnDescriptor 类包含了列族的详细信息，如列族的版本号、压缩设置等。此类通常在添加列族或者创建表的时候使用，一旦列族建立就不能被修改，只有通过删除列族，再创建新的列族来间接修改。HCloumnDescriptor 类提供 getName()、getValue()和 setValue()等方法对列族的数据进行操作。

4．数据操作

如果不需要创建表，则可以直接插入数据而无须建立 Admin 对象，使用 Table 接口即可，以下代码展示向 Student 表的 StuInfo 列族插入列 name：

```
public static void addData() throws IOException
{
Table table = connection.getTable(TableName.valueOf("Student"));
Put put = new Put(Bytes.toBytes("row1"));
put.addColumn(Bytes.toBytes("StuInfo"),    Bytes.toBytes("name"),    Bytes.toBytes("zhengqian"));
    table.put(put);
    table.close();
    }
```

Table 也是 Java 的接口类型，同样地，系统必须调用 Connection.getTable()返回一个 Table 子对象，然后再调用子对象的成员方法。Table 是用来与 HBase 的单个表进行通信的，在多线程环境下，使用 HTablePool 来实现，Table 接口的主要方法参见表 3-10。

表 3-10　　　　　　　　　　　　　Table 接口的主要方法

方法返回类型	方法描述
viod	close() 释放所有资源，或根据缓冲区的数据变化来更新 Table Releases any resources held or pending changes in internal buffers
viod	delete(Delete delete) 删除指定行或单元格
viod	get(Get get) 从指定的行获取单元格数据
TableDescriptor	getDescriptor() 获取表的描述信息
viod	put(Put put) 向表中添加数据

使用 get 方法获取某一行数据，代码示例如下：

```
public void getData() throws IOException
{
Table table = connection.getTable(TableName.valueOf("Student"));
Get get = new Get(Bytes.toBytes("row1"));
Result result= table.get(get);
for (Cell cell:result.rawCells()){
    System.out.println(new
        String(CellUtil.getCellKeyAsString(cell)));
    System.out.println(new String(CellUtil.cloneFamily(cell)));
    System.out.println(new String(CellUtil.cloneQualifier(cell)));
    System.out.println(new String(CellUtil.cloneValue(cell)));
    System.out.println(cell.getTimestamp());
}
table.close();
}
```

通过 table.get()方法进行查询后，将结果存入 result 中，其中包含多个键值对，本例中使用循环的方法将键值对逐个打印出来。CellUtil 接口提供每个单元格的定位值，如行键、列族、列和时间戳。

对 HBase 表的增、删、改、查，org.apache.hadoop.hbase.client 包提供了相应的类，除了已经举例说明的插入数据使用的 put 类、根据行键获取数据的 get 类外，还有进行全表扫描的 scan 类、删除某行信息的 delete 类，甚至提供了扫描数据时进行过滤的 FilterList 类，读者可以在 HBase 官网获取详细信息。

3.3.2 基于 Thrift 协议的编程方法

另一种常用的访问 HBase 的方法是使用 Thrift。Thrift 是一个软件框架，用来进行可扩展且跨语言的服务的开发。Thrift 定义了一种描述对象和服务的接口定义语言（Interface Definition Language，IDL），它先通过 IDL 来定义 RPC 的接口和数据类型，再通过编译器生成不同语言的代码，并由生成的代码负责 RPC 协议层和传输层的实现。Thrift 支持的语言有 C++、Java、Python、PHP 等。下面将使用 Python 语言来实现通过 Thrift 客户端访问 HBase，这种方式完全脱离了 Java 和 JVM。

Thrift 实际上是实现了 C/S 模式，通过代码生成工具将接口定义文件生成服务器端和客户端代码，从而实现服务端和客户端跨语言的支持，例如，客户端用 Python 实现，服务器使用 Java 实现。用户在 Thrift 描述文件中声明自己的服务，这些服务经过编译后会生成相应语言的代码文件，然后用户实现服务即可。Thrift 包含了三个重要的组件，分别为 protocal、transport 和 server。其中，protocol 是协议层，用来定义数据的传输格式；transport 是传输层，定义数据的传输方式，可以为 TCP/IP 传输也可以是内存共享的方式；server 定义支持的服务模型。下面来看如何使用 Thrift 生成 Python 语言的客户端访问 HBase。

1. HBase 客户端环境部署

使用 Python 调用 HBase，需要启动 Thrift 服务，因此，需要先安装 Thrift。由于 Linux 操作系统中没有内置 Thrift 的安装包，因此需要手工建立 Thrift。从 Thrift 官网上下载源码 tar 包，并解压到常用目录下：

```
[root@localhost local]# wget
http://www.apache.org/dyn/closer.cgi?path=/thrift/0.11.0/thrift-0.11.0.tar.gz
[root@localhost local]#tar -xzvf thrift-0.11.0.tar.gz
```

在编译安装 Thrift 之前，需要安装依赖的库，如 Automake、LibTool、Bison、Boost 等，具体依赖库的安装参考 Thrift 官网安装手册，依赖库下载完后，即可编译并安装 Thrift：

```
[root@localhost thrift-0.11.0]# ./configure
[root@localhost thrift-0.11.0]# make
[root@localhost thrift-0.11.0]# make install
```

通过调用 thrift 命令可以验证安装是否成功：

```
[root@localhost ~]# thrift -version
Thrift version 0.11.0
```

HBase 的源代码中，hbase.thrift 文件描述了 HBase 服务 API 和有关对象的 IDL 文件，需要使用 thrift 命令对此文件进行编译，生成 Python 连接 HBase 的库包。Hbase.thrift 文件在 hbase-1.2.6/hbase- thrift/src/main/resources/org/apache/hadoop/hbase/thrift 目录下，编译操作如下：

```
//创建目录
[root@localhost local]# mkdir pythonhbase
//切换到该目录下
[root@localhost local]# cd pythonhbase
//执行 thrift 生成 HBase 的 Python 库
[root@localhost pythonhbase]#thrift --gen py ../hbase-1.2.6/hbase-thrift/src/main/
resources/org/apache/hadoop/hbase/thrift/Hbase.thrift
```

生成的库文件在 gen-py 的子目录下，如下所示：

```
[root@localhost gen-py]# find .
.
./hbase
./hbase/__init__.py
```

```
./hbase/ttypes.py

./hbase/constants.py

./hbase/Hbase.py

./hbase/Hbase-remote

./hbase/__init__.pyc

./hbase/Hbase.pyc

./hbase/ttypes.pyc

./__init__.py
```

将 gen-py 目录下的 hbase 子目录复制到工程目录 python3.6/site-packages/hbase 下直接使用，如下所示：

```
[root@localhost pythonhbase.py]# python
Python 2.7.5 (default, Apr 11 2018, 07:36:10)
[GCC 4.8.5 20150623 (Red Hat 4.8.5-28)] on linux2
Type "help", "copyright", "credits" or "license" for more information.
>>> import thrift
>>> import hbase
```

这些命令执行成功后，表示使用 Python 语言访问 HBase 的客户端已经完成。

2. HBase Thrift 服务启动

在服务器上使用 star-hbase.sh 命令启动 HBase 服务，使用 jps 命令确定 HBase 已经启动并正在运行后，启动 Thrift 服务，使用默认的设置即可正常工作，如下所示：

```
[root@localhost bin]# jps
66051 HQuorumPeer
66391 Jps
65577 SecondaryNameNode
65401 DataNode
66152 HMaster
66280 HRegionServer
65262 NameNode
[root@localhost bin]# ./hbase thrift start
…
2018-07-05  17:05:10,431  INFO  [main]  thrift.ThriftServerRunner:  starting
TBoundedThreadPoolServer on /0.0.0.0:9090 with readTimeout 60000ms; min worker threads=16,
max worker threads=1000, max queued requests=1000
```

目前客户端与服务器都已准备妥善，接下来测试其是否可用。在客户端的 Python 项目目录下打开一个终端窗口，再次启动 Python：

```
[root@localhost pythonhbase]# python
```

```
Python 2.7.5 (default, Apr 11 2018, 07:36:10)
[GCC 4.8.5 20150623 (Red Hat 4.8.5-28)] on linux2
Type "help", "copyright", "credits" or "license" for more information.
>>> from thrift.transport import TSocket
>>> from thrift.protocol import TBinaryProtocol
>>> from thrift import Thrift
>>> from hbase import Hbase
>>> transport = TSocket.TSocket('localhost', 9090)
>>> protocol = TBinaryProtocol.TBinaryProtocol(transport)
>>> client = Hbase.Client(protocol)
>>> transport.open()
>>> result = client.getTableNames()
>>> print result
['hbase_thrift', 't1', 't2', 'test']
>>> transport.close()
```

以上代码简单地完成了使用 Thrift 客户端访问 HBase，另外还有创建表、插入数据、查询数据等操作。用户可查询 Python 项目下的 hbase/hbase.py 文件，里面提供了各种操作方法。

3.3.3　基于 MapReduce 的分布式处理

1. MapReduce

MapReduce 是 Hadoop 框架的重要组成部分，是在可扩展的方式下处理超过 TB 级数据的分布式处理的组件。它遵循分而治之的原则，通过将数据拆分到分布式文件系统中的不同机器上，让服务器能够尽快直接访问和处理数据，最终合并全局结果。下面以图 3-13 所示网站点击率排行为例，简单介绍 MapReduce 处理数据的过程。

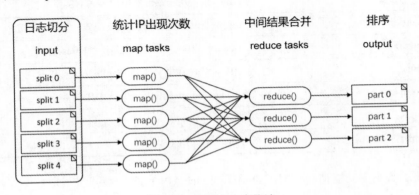

图 3-13　网站点击率统计

首先将网站的日志文件拆分成大小合理的块，每个服务器使用 map 任务处理一个块。一般来说，拆分过程要尽可能地利用可用的服务器和基础设施。网站的日志文件是非常大的，处理时划分为大小相等的分片，每台服务器完成一个分片的处理后通过 shuffle，最终通过 reduce 任务将所有结果进行汇总。

2. HBase 中 MapRecude 包

MapReduce 可用于完成批量数据的分布式处理，而 HBase 中表格的数据是非常庞大的，通常是 GB 或 TB 级，将 MapReduce 和 HBase 结合，能快速完成批量数据的处理。在应用过程中，HBase 可以作为数据源，即将表中的数据作为 MapReduce 的输入；同时，HBase 可以在 MapReduce 作业结束时接收数据，甚至在 MapReduce 任务过程中使用 HBase 来共享资源。

HBase 支持使用 org.apache.hadoop.hbase.mapreduce 包中的方法来实现 MapReduce 作业，完成 HBase 表中数据的功能（见表 3-11）。HBase 还提供了 HBase MapReduce 作业中用到的输入/输出格式化等其他辅助工具，这些都是利用 MapReduce 框架完成的。

表 3-11　　　　　　　　　　　　　　　　hbase.mapreduce 包

类名	描述
CellCounter	利用 MapReduce 计算表中单元格的个数
Export	将 HBase 中的表导出序列化文件，存储在 HDFS 中
GroupingTableMapper	从输入记录中抽取列进行组合
HFileOutputFormat2	写入 HFile 文件
HRegionPartitioner<KEY,VALUE>	将输出的 key 分到指定的 key 分组中。key 是根据已存在的 Region 进行分组的，所以每个 Reducer 拥有一个单独的 Region
Import	导入 HDFS 中的序列化文件，这些文件是由 Export 导出的
ImportTsv	导入 TSV 文件的数据
KeyValueSortReducer	产生排序的键值
LoadIncrementalHFiles	将 HFileOutputFormat2 的输出导入 HBase 表
MultiTableInputFormat	将表格数据转换为 MapReduce 格式
MultiTableOutputFormat	将 Hadoop 的输出写到一个或多个 HBase 表中
TableInputFormat	将 HBase 表的数据转化为 MapReduce 可以使用的格式
TableOutputFormat<KEY>	转化 MapReduce 的输出，写入 HBase 中
TableSplit	对表进行拆分
WALInputFormat	作为输入格式用于 WAL

读者若要了解更多功能请参考 HBase MapReduce API 官网。

3. 执行 HBase MapReduce 任务

HBase 可以通过执行 hbase/lib 中的 hbase-server-1.2.6.jar 来完成一些简单的 MapReduce 操作。

下面通过 hbase/bin/hbase mapredcp 命令来查看执行 MapReduce 会用到的 jar 文件。

```
[root@localhost bin]# ./hbase mapredcp

/usr/local/hbase/lib/zookeeper-3.4.6.jar:/usr/local/hbase/lib/hbase-client-1.2.6.j
ar:/usr/local/hbase/lib/netty-all-4.0.23.Final.jar:/usr/local/hbase/lib/metrics-core-2
.2.0.jar:/usr/local/hbase/lib/protobuf-java-2.5.0.jar:/usr/local/hbase/lib/guava-12.0.
1.jar:/usr/local/hbase/lib/hbase-protocol-1.2.6.jar:/usr/local/hbase/lib/hbase-prefix-
tree-1.2.6.jar:/usr/local/hbase/lib/htrace-core-3.1.0-incubating.jar:/usr/local/hbase/
lib/hbase-common-1.2.6.jar:/usr/local/hbase/lib/hbase-hadoop-compat-1.2.6.jar:/usr/loc
al/hbase/lib/hbase-server-1.2.6.jar
```

在执行这些任务之前，需要将这些库绑定到 Hadoop 框架中，确保这些库在任务执行之前已经可用，通过修改 hadoop/etc/hadoop-env.sh 文件来配置库文件。在 hadoop-env.sh 中加入以下两行代码：

```
#hbase 的安装路径

export HBASE_HOME=/usr/local/hbase
#加载 hbase/lib 下的所有库

export HADOOP_CLASSPATH=$HBASE_HOME/lib/*:classpath
```

完成以上配置后，重新启动 Hadoop 服务，然后在 hadoop 的 bin 目录中执行以下命令：

```
[root@localhost bin]# hadoop jar ../../hbase/lib/hbase-server-1.2.6.jar

An example program must be given as the first argument.

Valid program names are:

  CellCounter: Count cells in HBase table.

  WALPlayer: Replay WAL files.

  completebulkload: Complete a bulk data load.

  copytable: Export a table from local cluster to peer cluster.

  export: Write table data to HDFS.

  exportsnapshot: Export the specific snapshot to a given FileSystem.

  import: Import data written by Export.

  importtsv: Import data in TSV format.

  rowcounter: Count rows in HBase table.

  verifyrep: Compare the data from tables in two different clusters. WARNING: It doesn't
work for incrementColumnValues'd cells since the timestamp is changed after being appended
to the log.
```

hbase-server-1.2.6.jar 包提供 CellCounter、export、import、rowcounter 等类，用户可以直接使用，图 3-14 所示为使用 rowcounter 类来统计表中的行数。

```
[root@localhost bin]# hadoop jar ../../hbase/lib/hbase-server-
1.2.6.jar rowcounter t1
        HBase Counters              表名
统计表中行数  BYTES_IN_REMOTE_RESULTS=0
                BYTES_IN_RESULTS=38
                MILLIS_BETWEEN_NEXTS=173
                NOT_SERVING_REGION_EXCEPTION=0
                NUM_SCANNER_RESTARTS=0
                NUM_SCAN_RESULTS_STALE=0
                REGIONS_SCANNED=1
                REMOTE_RPC_CALLS=0
                REMOTE_RPC_RETRIES=0
                ROWS_FILTERED=0
                ROWS_SCANNED=1
                RPC_CALLS=3
                RPC_RETRIES=0
        org.apache.hadoop.hbase.mapreduce.RowCounter$RowCounterMa
pper$Counters
                ROWS=1
        File Input Format Counters
                Bytes Read=0
        File Output Format Counters
                Bytes Written=0
```

图 3-14   rowcounter 示例

小　　结

本章首先介绍了 HBase 的基本概念和数据模型，HBase 中的表包含行键、列族、列限定符、单元格和时间戳的概念，它的数据模型由这些概念组成。其中，HBase 表的逻辑模型与关系型数据库类似，只不过每个逻辑行中包含多个列族，且列的数量是可变的。在实际的物理存储中，HBase 表的数据是按照列族来存储的，在查询 HBase 表数据时，每个逻辑行由多行记录组成。

然后介绍了在 HBase Shell 客户端中，使用各种命令实现表、列族的定义，数据的增、删、改、查等操作。HBase 提供了过滤器的操作，可以结合比较运算符和比较器设置各种过滤条件来扫描整张表的数据。

最后介绍了基于 Java 和 Python 语言的编程方法，以及如何使用 Java 客户端和 Python 的 Thrift 客户端来连接和操作 HBase。本章末尾简单介绍了 HBase 如何结合 MapReduce 来进行分布式数据处理。

思 考 题

1. HBase 为什么可以存储海量的稀疏数据？

2．在 HBase 中如何创建表结构？创建如下的表结构，并添加、删除和查询数据。

RowKey	ColumnFamily : CF1		ColumnFamily : CF2		TimeStamp
	Column: C11	Column: C12	Column: C21	Column: C22	
"com.google"	"C11 good"	"C12 good"	"C12 bad"	"C12 bad"	T1

3．HBase 中的过滤器有哪些？分别具有什么作用？

4．HBase 的 Java 编程需要哪些库？用户可以使用哪些类来建立连接和操作数据库？

第4章
HBase 原理实现

在学习了 HBase 的基本概念和使用操作以后，本章将深入研究 HBase 的原理，并在管理层面对 HBase 进行详细描述。本章首先介绍 HBase 存储数据的基本原理，包括数据存储与读取，Region 的定位，以及 HBase 的预写机制；然后介绍 HBase 内部 Region 的拆分和合并，以及 Region 在 HBase 集群中是如何进行分配和故障恢复的；最后介绍 HBase 集群的管理方法。

本章的重点内容如下。

（1）HBase 的基本原理。

（2）Region 的管理。

（3）集群管理。

4.1　HBase 基本原理

本节简单介绍 Region 的定位、数据的存储与读取和 WAL 机制。

4.1.1　Region 定位

1. Region

在 HBase 中，表的所有行都是按照 RowKey 的字典序排列的，表在行的方向上分割为多个分区（Region），如图 4-1 所示。

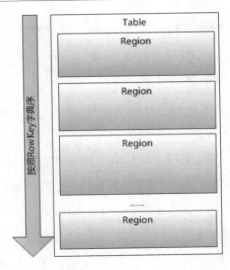

图 4-1　表中的 Region

　　每张表一开始只有一个 Region，但是随着数据的插入，HBase 会根据一定的规则将表进行水平拆分，形成两个 Region。当表中的行越来越多时，就会产生越来越多的 Region，而这些 Region 无法存储到一台机器上时，则可将其分布存储到多台机器上。Master 主服务器把不同的 Region 分配到不同的 Region 服务器上，同一个行键的 Region 不会被拆分到多个 Region 服务器上。每个 Region 服务器负责管理一个 Region，通常在每个 Region 服务器上会放置 10～1000 个 Region，HBase 中 Region 的物理存储如图 4-2 所示。

　　客户端在插入、删除、查询数据时需要知道哪个 Region 服务器上存储所需的数据，这个查找 Region 的过程称为 Region 定位。

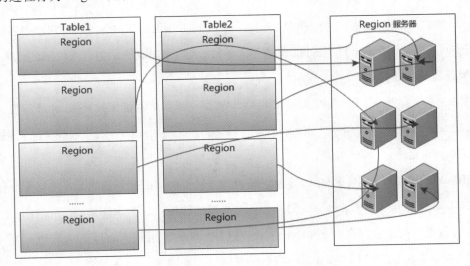

图 4-2　Region 在 Region 服务器上的分布

　　HBase 中的每个 Region 由三个要素组成，包括 Region 所属的表、第一行和最后一行。其中，第一个 Region 没有首行，最后一个 Region 没有末行。每个 Region 都有一个 RegionID 来标识它的唯一性，Region 标识符就可以表示成"表名+开始行键+RegionID"。

2. Meta 表

有了 Region 标识符，就可以唯一标识每个 Region。为了定位每个 Region 所在的位置，可以构建一张映射表。映射表的每个条目包含两项内容，一项是 Region 标识符，另一项是 Region 服务器标识。这个条目就表示 Region 和 Region 服务器之间的对应关系，从而就可以使用户知道某个 Region 存储在哪个 Region 服务器中。这个映射表包含了关于 Region 的元数据，因此也被称为"元数据表"，又名"Meta 表"。使用 scan 命令可查看 Meta 表的结构，如图 4-3 所示。

```
hbase(main):021:0> scan 'hbase: meta'
ROW                           COLUMN+CELL
 Student,,1541032944565.173b  column=info: regioninfo, timestamp=1541119876860, value={ENCODED => 173b95fca0d76
 95fca0d76a7c9dfff65ac80c4f1  a7c9dfff65ac80c4f12, NAME => 'Student,,1541032944565.173b95fca0d76a7c9dfff65ac80
 2.                           c4f12.', STARTKEY => '', ENDKEY => ''}
 Student,,1541032944565.173b  column=info: seqnumDuringOpen, timestamp=1541119876860, value=\x00\x00\x00\x00\x0
 95fca0d76a7c9dfff65ac80c4f1  0\x00\x00/
 2.
 Student,,1541032944565.173b  column=info: server, timestamp=1541119876860, value=localhost:16201
 95fca0d76a7c9dfff65ac80c4f1
 2.
 Student,,1541032944565.173b  column=info: serverstartcode, timestamp=1541119876860, value=1541119854479
 95fca0d76a7c9dfff65ac80c4f1
 2.
```

图 4-3　Meta 表的结构

Meta 表中的每一行记录了一个 Region 的信息。RowKey 包含表名、起始行键和时间戳信息，中间用逗号隔开，第一个 Region 的起始行键为空。时间戳之后用"."隔开的为分区名称的编码字符串，该信息是由前面的表名、起始行键和时间戳进行字符串编码后形成的。

Meta 表里有一个列族 info。info 包含了三个列，分别为 RegionInfo、Server 和 Serverstartcode。RegionInfo 中记录了 Region 的详细信息，包括行键范围 StartKey 和 EndKey、列族列表和属性。Server 记录了管理该 Region 的 Region 服务器的地址，如 localhost:16201。Serverstartcode 记录了Region 服务器开始托管该 Region 的时间。

当用户表特别大时，用户表的 Region 也会非常多。Meta 表存储了这些 Region 信息，也变得非常大。Meta 表也需要划分成多个 Region，每个 Meta 分区记录一部分用户表和分区管理的情况。

3. Region 定位

在 HBase 的早期设计中，Region 的查找是通过三层架构来进行查询的，即在集群中有一个总入口 ROOT 表，记录了 Meta 表分区信息及各个入口的地址。这个 ROOT 表存储在某个 Region 服务器上，但是它的地址保存在 ZooKeeper 中。这种早期的三层架构通过先找到 ROOT 表，从中获取分区 Meta 表位置；然后再获取分区 Meta 表信息，找出 Region 所在的 Region 服务器。

从 0.96 版本以后，三层架构被改为二层架构，去掉了 ROOT 表，同时 ZooKeeper 中的/hbase/root-region-server 也被去掉。Meta 表所在的 Region 服务器信息直接存储在 ZooKeeper 中的

/hbase/meta-region-server 中。图 4-4 所示为表和分区的分级管理机制。当客户端进行数据操作时，根据操作的表名和行键，再按照一定的顺序即可寻找到对应的分区数据。

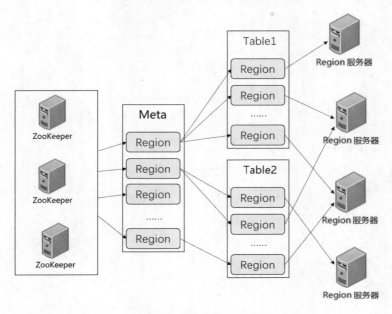

图 4-4　分区信息管理和寻址

客户端通过 ZooKeeper 获取 Meta 表分区存储的地址，首先在对应的 Region 服务器上获取 Meta 表的信息，得到所需的表和行键所在的 Region 信息，然后从 Region 服务器上找到所需的数据。一般客户端获取 Region 信息后会进行缓存，用户下次再查询不必从 ZooKeeper 开始寻址。

4.1.2　数据存储与读取

HBase 的核心模块是 Region 服务器。Region 服务器由多个 Region 块构成，Region 块中存储一系列连续的数据集。Region 服务器主要构成部分是 HLog 和 Region 块。HLog 记录该 Region 的操作日志。Region 对象由多个 Store 组成，每个 Store 对应当前分区中的一个列族，每个 Store 管理一块内存，即 MemStore。当 MemStore 中的数据达到一定条件时会写入 StoreFile 文件中，因此每个 Store 包含若干个 StoreFile 文件。StoreFile 文件对应 HDFS 中的 HFile 文件。HBase 群集数据的构成如图 4-5 所示。

1. MemStore

当 Region 服务器收到写请求的时候，Region 服务器会将请求转至相应的 Region。数据先被写入 MemStore，当到达一定的阈值时，MemStore 中的数据会被刷新到 HFile 中进行持久化存储。

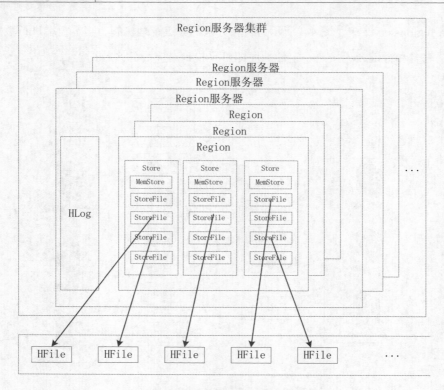

图 4-5　HBase 集群数据的构成

HBase 将最近接收到的数据缓存在 MemStore 中，在持久化到 HDFS 之前完成排序，再顺序写入 HDFS，为后续数据的检索进行优化。因为 MemStore 缓存的是最近增加的数据，所以也提高了对近期数据的操作速度。在持久化写入之前，在内存中对行键或单元格进行优化。例如，当数据的 version 被设为 1 时，对某些列族中的一些数据，MemStore 缓存单元格的最新数据，在写入 HFile 时，仅需要保存一个最新的版本。

2. Store

Store 是 Region 服务器的核心，存储的是同一个列族下的数据，每个 Store 包含一块 MemStore 和 StoreFile（0 个或多个）。StoreFile 是 HBase 中最小的数据存储单元。

数据写入 MemStore 缓存，当 MemStore 缓存满时，内存中的数据会持久化到磁盘中一个 StoreFile 文件中，随着 StoreFile 文件数量的不断增加，数量达到一个阈值后，就会促使文件合并成一个大的 StoreFile 文件。由于 StoreFile 文件的不断合并，造成 StoreFile 文件的大小超过一定的阈值，因此，会促使文件进行分裂操作。同时，当前的一个父 Region 会被分成两个子 Region，父 Region 会下线，新分裂出的两个子 Region 会被 Master 分配到相应的 Region 服务器上。Store 的合并和分裂过程如图 4-6 所示。

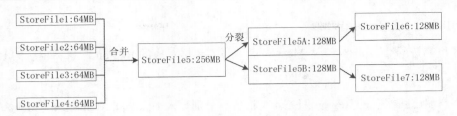

图 4-6　Store 的合并和分裂过程

3. HFile

将 MemStore 内存中的数据写入 StoreFile 文件中，StoreFile 底层是以 HFile 格式保存的。HFile 的存储格式如图 4-7 所示。

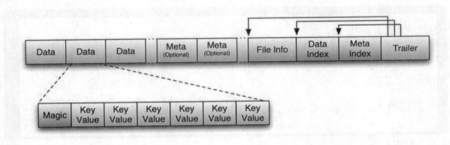

图 4-7　HFile 的存储格式

HFile 文件是不定长的，长度固定的只有其中的两块：Trailer 和 File Info。Trailer 中有指针指向其他数据块的起始点，File Info 记录了文件的一些 Meta 信息。每个 Data 块的大小可以在创建一个 Table 的时候通过参数指定（默认块大小为 64KB）。每个 Data 块除了开头的 Magic 以外就是由一个键值对拼接而成的，Magic 内容是一些随机数字，用于防止数据损坏。

HFile 里面的每个键值对就是一个简单的 Byte 数组。但是这个 Byte 数组里面包含了很多项，并且有固定的结构，其具体结构如图 4-8 所示。

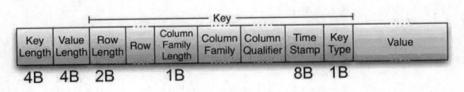

图 4-8　键值对结构图

键值对结构以两个固定长度的数值开始，分别表示 Key 的长度和 Value 的长度。紧接着是 Key，Key 以 RowLength 开始，是固定长度的数值，表示 RowKey 的长度；接着是 Row，然后是固定长度的数值 ColumnFamilyLength，表示 Family 的长度；之后是 Family 列族，接着是 Qualifier 列标识符，Key 最后以两个固定长度的数值 Time Stamp 和 Key Type（Put/Delete）结束。Value 部分没有这么复杂的结构，就是纯粹的二进制数据。

（1）HBase 数据写入流程

① 客户端访问 ZooKeeper，从 Meta 表得到写入数据对应的 Region 信息和相应的 Region 服务器。

② 客户端访问相应的 Region 服务器，把数据分别写入 HLog 和 MemStore。MemStore 数据容量有限，当达到一个阈值后，则把数据写入磁盘文件 StoreFile 中，在 HLog 文件中写入一个标记，表示 MemStore 缓存中的数据已被写入 StoreFile 中。如果 MemStore 中的数据丢失，则可以从 HLog 上恢复。

③ 当多个 StoreFile 文件达到阈值后，会触发 Store.compact() 将多个 StoreFile 文件合并为一个大文件。

（2）HBase 数据读取流程

① 客户端先访问 ZooKeeper，从 Meta 表读取 Region 信息对应的服务器。

② 客户端向对应 Region 服务器发送读取数据的请求，Region 接收请求后，先从 MemStore 查找数据；如果没有，再到 StoreFile 上读取，然后将数据返回给客户端。

4.1.3　WAL 机制

在分布式环境下，用户必须要考虑系统出错的情形，例如，Region 服务器发生故障时，MemStore 缓存中还没有被写入文件的数据会全部丢失。因此，HBase 采用 HLog 来保证系统发生故障时能够恢复到正常的状态。

如图 4-9 所示，每个 Region 服务器都有一个 HLog 文件，同一个 Region 服务器的 Region 对象共用一个 HLog，HLog 是一种预写日志（Write Ahead Log）文件。也就是说，用户更新数据必须先被记入日志后才能写入 MemStore 缓存，当缓存内容对应的日志已经被写入磁盘后，即日志写成功后，缓存的内容才会被写入磁盘。

ZooKeeper 会实时监测每个 Region 服务器的状态，当某个 Region 服务器发生故障时，ZooKeeper 会通知 Master，Master 首先会处理该故障 Region 服务器上遗留的 HLog 文件。由于一个 Region 服务器上可能会维护着多个 Region 对象，这些 Region 对象共用一个 HLog 文件，因此这个遗留的 HLog 文件中包含了来自多个 Region 对象的日志记录。系统会根据每条日志记录所属的 Region 对象对 HLog 数据进行拆分，并分别存放到相应 Region 对象的目录下。再将失效的 Region 重新分配到可用的 Region 服务器中，并在可用的 Region 服务器中重新进行日志记录中的各种操作，把日志记录中的数据写入 MemStore 缓存，然后刷新到磁盘的 StoreFile 文件中，完成数据恢复。

在 HBase 系统中，每个 Region 服务器只需要一个 HLog 文件，所有 Region 对象共用一个 HLog，而不是每个 Region 使用一个 HLog。在这种 Region 对象共用一个 HLog 的方式中，多个 Region

对象在进行更新操作需要修改日志时，只需要不断地把日志记录追加到单个日志文件中，而不需要同时打开、写入多个日志文件中，因此可以减少磁盘寻址次数，提高对表的写操作性能。

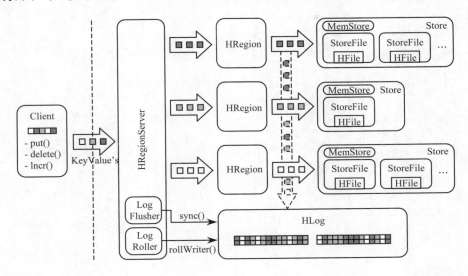

图 4-9 HBase WAL 机制

4.2 HBase Region 管理

前面讲到 Region 的概念，它是 HBase 集群的负载均衡和数据分发的基本单元。当 HBase 中表的容量非常庞大时，用户就需要将表中的内容分布到多台机器上。那么，需要根据行键的值对表中的行进行划分，每个行区间构成一个 Region，一个 Region 包含了位于某个阈值区间的所有数据。下面将介绍 Region 在集群运行过程中进行合并、拆分及分配的过程。

4.2.1 HFile 合并

在 4.1 节中介绍过，每个 RegionServer 包含多个 Region，而每个 Region 又对应多个 Store，每一个 Store 对应表中一个列族的存储，且每个 Store 由一个 MemStore 和多个 StoreFile 文件组成。StoreFile 在底层文件系统中由 HFile 实现，也可以把 Store 看作由一个 MemStore 和多个 HFile 文件组成。MemStore 充当内存写缓存，默认大小 64MB，当 MemStore 超过阈值时，MemStore 中的数据会刷新到一个新的 HFile 文件中来持久化存储。久而久之，每个 Store 中的 HFile 文件会越来越多，I/O 操作的速度也随之变慢，读写也会延时，导致慢操作。因此，需要对 HFile 文件进行合并，让文件更紧凑，让系统更有效率。HFile 的合并分为两种类型，分别是 Minor 合并和 Major

合并。这两种合并都发生在 Store 内部，不是 Region 的合并，如图 4-10 所示。

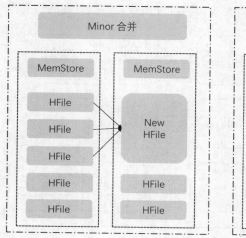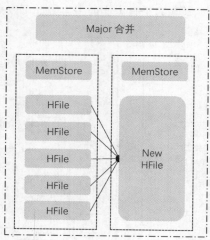

图 4-10　Minor 合并和 Major 合并

1.　Minor 合并

Minor 合并是把多个小 HFile 合并生成一个大的 HFile。

执行合并时，HBase 读出已有的多个 HFile 的内容，把记录写入一个新文件中。然后把新文件设置为激活状态，并标记旧文件为删除。在 Minor 合并中，这些标记为删除的旧文件是没有被移除的，仍然会出现在 HFile 中，只有在进行 Major 合并时才会移除这些旧文件。对需要进行 Minor 合并的文件的选择是触发式的，当达到触发条件才会进行 Minor 合并，而触发条件有很多，例如，在将 MemStore 的数据刷新到 HFile 时会申请对 Store 下符合条件的 HFile 进行合并，或者定期对 Store 内的 HFile 进行合并。另外对选择合并的 HFile 也是有条件的，如表 4-1 所示。

表 4-1　　　　　　　　　　　　　　　　Minor 合并的 HFile 条件

参数名	配置项	默认值	备注
minFileToCompact	hbase.hstore.compaction.min	3	至少需要三个满足条件的 HFile 才启动合并
minFileToCompact	hbase.hstore.compaction.max	10	一次合并最多选择 10 个
maxCompactSize	hbase.hstore.compaction.max.size	Long.MAX_VALUE	HFile 大于此值时被排除合并，避免对大文件的合并
minCompactSize	hbase.hstore.compaction.min.size	MemStoreFlushSize	HFile 小于 MemStore 的默认值时被加入合并队列

在执行 Minor 合并时，系统会根据上述配置参数选择合适的 HFile 进行合并。Minor 合并对 HBase 的性能是有轻微影响的，因此，合并的 HFile 数量是有限的，默认最多为 10 个。

2．Major 合并

Major 合并针对的是给定 Region 的一个列族的所有 HFile，如图 4-10 所示。它将 Store 中的所有 HFile 合并成一个大文件，有时也会对整个表的同一列族的 HFile 进行合并，这是一个耗时和耗费资源的操作，会影响集群性能。一般情况下都是做 Minor 合并，不少集群是禁止 Major 合并的，只有在集群负载较小时进行手动 Major 合并操作，或者配置 Major 合并周期，默认为 7 天。

另外，Major 合并时会清理 Minor 合并中被标记为删除的 HFile。

4.2.2　Region 拆分

Region 拆分是 HBase 能够拥有良好扩展性的最重要因素。一旦 Region 的负载过大或者超过阈值时，它就会被分裂成两个新的 Region，如图 4-11 所示。

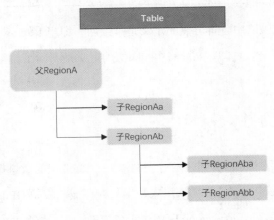

图 4-11　Region 拆分

这个过程是由 RegionServer 完成的，其拆分流程如下。

（1）将需要拆分的 Region 下线，阻止所有对该 Region 的客户端请求，Master 会检测到 Region 的状态为 SPLITTING。

（2）将一个 Region 拆分成两个子 Region，先在父 Region 下建立两个引用文件，分别指向 Region 的首行和末行，这时两个引用文件并不会从父 Region 中复制数据。

（3）之后在 HDFS 上建立两个子 Region 的目录，分别复制上一步建立的引用文件，每个子 Region 分别占父 Region 的一半数据。复制登录完成后删除两个引用文件。

（4）完成子 Region 创建后，向 Meta 表发送新产生的 Region 的元数据信息。

（5）将 Region 的拆分信息更新到 HMaster，并且每个 Region 进入可用状态。

以上是 Region 的拆分过程，那么，Region 在什么时候才会触发拆分呢？常用的拆分策略如表 4-2 所示。

表 4-2   Region 拆分策略

策略	原理	描述
ConstantSizeRegionSplitPolicy	Region 中最大 Store 的大小大于设置阈值（hbase.hregion.max.filesize）之后才会触发拆分。 拆分策略原理相同，只是阈值的设置不同	拆分策略对于大表和小表没有明显的区分。阈值设置较大时小表可能不会触发分裂。如果阈值设置较小，大表就会在整个集群产生大量的 Region，影响整个集群的性能
IncreasingToUpperBoundRegionSplitPolicy	阈值在一定条件下不断调整，调整规则与 Region 所属表在当前 Region 服务器上的 Region 个数有关	很多小表会在大集群中产生大量小 Region，分散在整个集群中
SteppingSplitPolicy	阈值可变。如果 Region 个数等于 1，则拆分阈值为 flushsize × 2；否则为 MaxRegionFileSize	小表不会再产生大量的小 Region，而是适可而止
DisabledRegionSplitPolicy	关闭策略，手动拆分	可控制拆分时间，选择集群空闲时间

表 4-2 中列举的拆分策略中，拆分点的定义是一致的，即当 Region 中最大 Store 的大小大于设置阈值之后才会触发拆分。而在不同策略中，阈值的定义是不同的，且对集群中 Region 的分布有很大的影响。

4.2.3   Region 合并

从 Region 的拆分过程中可以看到，随着表的增大，Region 的数量也越来越大。如果有很多 Region，它们中 MemStore 也过多，会频繁出现数据从内存被刷新到 HFile 的操作，从而会对用户请求产生较大的影响，可能阻塞该 Region 服务器上的更新操作。过多的 Region 会增加 ZooKeeper 的负担。因此，当 Region 服务器中的 Region 数量到达阈值时，Region 服务器就会发起 Region 合并，其合并过程如下。

（1）客户端发起 Region 合并处理，并发送 Region 合并请求给 Master。

（2）Master 在 Region 服务器上把 Region 移到一起，并发起一个 Region 合并操作的请求。

（3）Region 服务器将准备合并的 Region 下线，然后进行合并。

（4）从 Meta 表删除被合并的 Region 元数据，新的合并了的 Region 的元数据被更新写入 Meta 表中。

（5）合并的 Region 被设置为上线状态并接受访问，同时更新 Region 信息到 Master。

4.2.4   Region 负载均衡

当 Region 分裂之后，Region 服务器之间的 Region 数量差距变大时，Master 便会执行负载均衡来调整部分 Region 的位置，使每个 Region 服务器的 Region 数量保持在合理范围之内，负载均衡会引起 Region 的重新定位，使涉及的 Region 不具备数据本地性。

Region 的负载均衡由 Master 来完成，Master 有一个内置的负载均衡器，在默认情况下，均衡器每 5 分钟运行一次，用户可以配置。负载均衡操作分为两步进行：首先生成负载均衡计划表，然后按照计划表执行 Region 的分配。

执行负载均衡前要明确，在以下几种情况时，Master 是不会执行负载均衡的。

（1）均衡负载开关关闭。

（2）Master 没有初始化。

（3）当前有 Region 处于拆分状态。

（4）当前集群中有 Region 服务器出现故障。

Master 内部使用一套集群负载评分的算法，来评估 HBase 某一个表的 Region 是否需要进行重新分配。这套算法分别从 Region 服务器中 Region 的数目、表的 Region 数、MenStore 大小、StoreFile 大小、数据本地性等几个维度来对集群进行评分，评分越低代表集群的负载越合理。

确定需要负载均衡后，再根据不同策略选择 Region 进行分配，负载均衡策略有三种，如表 4-3 所示。

表 4-3　　　　　　　　　　　　　　　负载均衡策略

策略	原理
RandomRegionPicker	随机选出两个 Region 服务器下的 Region 进行交换
LoadPicker	获取 Region 数目最多和最少的两个 Region 服务器，使两个 Region 服务器最终的 Region 数目更加平均
LocalityBasedPicker	选择本地性最强的 Region

根据上述策略选择分配 Region 后再继续对整个表的所有 Region 进行评分，如果依然未达到标准，循环执行上述操作直至整个集群达到负载均衡的状态。

4.3　HBase 集群管理

本节介绍 HBase 集群的管理，包括在系统的运行期间对集群进行维护和管理等内容。一旦集群开始运转，用户可能需要改变集群的大小或添加一些额外的机器应对出现的故障，有时用户还需要将数据备份或迁移到不同的集群，这些操作都需要在不影响集群正常工作的情况下完成。

4.3.1 运维管理

在集群运行时，有些操作任务是必需的，包括移除和增加节点。

1. 移除 Region 服务器节点

当集群由于升级或更换硬件等原因需要在单台机器上停止守护进程时，需要确保集群的其他部分正常工作，并且确保从客户端应用来看停用时间最短。满足此条件必须把这台 Region 服务器服务的 Region 主动转移到其他 Region 服务器上，而不是让 HBase 被动地对此 Region 服务器的下线进行反应。

用户可以在指定节点的 HBase 目录下使用 hbase-damon.sh stop 命令来停止集群中的一个 Region 服务器。执行此命令后，Region 服务器先将所有 Region 关闭，然后再把自己的进程停止，Region 服务器在 ZooKeeper 中对应的临时节点将会过期。Master 检测到 Region 服务器停止服务后，将此 Region 服务器上的 Region 重新分配到其他机器上。这种停止服务器方法的坏处是，Region 会下线一段时间，时间长度由 ZooKeeper 超时时间来决定，而且会影响集群性能，同时整个集群系统会经历一次可用性的轻微降级。

HBase 也提供了脚本来主动转移 Region 到其他 Region 服务器，然后卸掉下线的 Region 服务器，这样会让整个过程更加安全。在 HBase 的 bin 目录下提供了 graceful_stop.sh 脚本，可以实现这种主动移除节点的功能。此脚本停止一个 Region 服务器的过程如下。

（1）关闭 Region 均衡器。

（2）从需要停止的 Region 服务器上移出 Region，并随机把它们分配给集群中其他服务器。

（3）停止 Region 服务器进程。

graceful_stop.sh 脚本会把 Region 从对应服务器上一个个移出以减少抖动，并且会在移动下一个 Region 前先检测新服务器上的 Region 是否已经部署好。此脚本关闭了需要停止的 Region 服务器，Master 会检测到停止服务的 Region 服务器，但此时 Master 无须再来转移 Region。同时，由于 Region 服务器关闭时已经没有 Region 了，所以不会执行 WAL 拆分的相关操作。

2. 增加 Region 服务器节点

随着应用系统需求的增长，整个 HBase 集群需要进行扩展，这时就需要向 HBase 集群中增加一个节点。添加一个新的 Region 服务器是运行集群的常用操作，首先需要修改 conf 目录下的 Region 服务器文件，然后将此文件复制到集群中的所有机器上，这样使用启动脚本就能够添加新的服务器。HBase 底层是以 HDFS 来存储数据的，一般部署 HBase 集群时，HDFS 的 DataNode 和 HBase 的 Region 服务器位于同一台物理机上。因此，向 HBase 集群增加一个 Region 服务器之前，需要向 HDFS 里增加 DataNode。等待 DataNode 进程启动并加入 HDFS 集群后，再启动 HBase

的 Region 服务器进程。启动新增节点上的 Region 服务器可以使用命令 hbase-damon.sh start，启动成功后，用户可以在 Master 用户界面看到此节点。如果需要重新均衡分配每个节点上的 Region，则可使用 HBase 的负载均衡功能。

3. 增加 Master 备份节点

为了增加 HBase 集群的可用性，可以为 HBase 增加多个备份 Master。当 Master 出现故障后，备份 Master 可以自动接管整个 HBase 的集群。

配置备份 Master 的方式是在 HBase 的 conf 下增加文件 backup-masters，然后通过 hbase-damon.sh start 命令启动。Master 进程使用 ZooKeeper 来决定哪一个是当前活动的进程。当集群启动时，所有进程都会去竞争作为主 Master 来提供服务，其他 Master 会轮询检测当前主 Master 是否失效；如果失效，则会触发新的 Master 选举。

4.3.2　数据管理

在使用 HBase 集群时，需要处理一张或多张表中的大量数据，例如，备份数据时移动全部数据或部分数据到归档文件中。使用 HBase 内置的一些有用的工具，用户可以完成数据的迁移以及数据的查看操作。下面将介绍几种数据管理的方法。

1. 数据的导出

在 HBase 集群中，有时候需要将表进行导出备份，HBase 提供了自带的工具 Export，可以将表的内容输出为 HDFS 的序列化文件，在 HBase 安装目录的 bin 目录下执行 hbase org.apache. hadoop.hbase.mapreduce.Export 命令，具体参数如下：

```
[root@localhost bin]# ./hbase org.apache.hadoop.hbase.mapreduce.Export

ERROR: Wrong number of arguments: 0

Usage: Export [-D <property=value>]* <tablename> <outputdir> [<versions> [<starttime>
[<endtime>]] [^[regex pattern] or [Prefix] to filter]]


   Note: -D properties will be applied to the conf used.

   For example:

   -D mapreduce.output.fileoutputformat.compress=true

   -D          mapreduce.output.fileoutputformat.compress.codec=org.apache.hadoop.io.
compress.GzipCodec

   -D mapreduce.output.fileoutputformat.compress.type=BLOCK

Additionally, the following SCAN properties can be specified

to control/limit what is exported..

   -D hbase.mapreduce.scan.column.family=<familyName>
```

```
        -D hbase.mapreduce.include.deleted.rows=true

        -D hbase.mapreduce.scan.row.start=<ROWSTART>

        -D hbase.mapreduce.scan.row.stop=<ROWSTOP>

  For performance consider the following properties:

        -Dhbase.client.scanner.caching=100

        -Dmapreduce.map.speculative=false

        -Dmapreduce.reduce.speculative=false

  For tables with very wide rows consider setting the batch size as below:

        -Dhbase.export.scanner.batch=10
```

从上述代码中可以看到，该命令提供了多种选项，tablename 和 outputdir 是必需的，其他参数可选，参数-D 可以设定键值类型配置属性，还可以使用正则表达式或者过滤器过滤掉部分数据。表 4-4 列出了所有可用选项及其含义。

表 4-4   Export 参数

名字	描述
tablename	准备导出的表名
outputdir	导出数据存放在 HDFS 中的路径
version	每列备份的版本数量，默认值为 1
starttime	开始时间
entime	扫描所使用的时间范围的结束时间
regexp/prefix	以^开始表示该选项被当作表达式类匹配行键，否则被当作行键的前缀

2. 数据的导入

同样地，HBase 也提供了自带的工具 Import，可以将数据加载到 HBase 当中。在 bin 目录下执行 hbase org.apache.hadoop.hbase.mapreduce.Import 命令，具体参数如下：

```
[root@localhost bin]# ./hbase org.apache.hadoop.hbase.mapreduce.Import

ERROR: Wrong number of arguments: 0

Usage: Import [options] <tablename> <inputdir>

By default Import will load data directly into HBase. To instead generate

HFiles of data to prepare for a bulk data load, pass the option:

  -Dimport.bulk.output=/path/for/output

 To apply a generic org.apache.hadoop.hbase.filter.Filter to the input, use

  -Dimport.filter.class=<name of filter class>

  -Dimport.filter.args=<comma separated list of args for filter

  NOTE:   The   filter   will   be   applied   BEFORE   doing   key   renames   via   the

HBASE_IMPORTER_RENAME_CFS   property.   Futher,   filters   will   only   use   the
```

```
Filter#filterRowKey(byte[] buffer, int offset, int length) method to identify  whether the
current   row   needs   to   be   ignored   completely   for   processing   and
Filter#filterKeyValue(KeyValue) method to determine if the KeyValue should be added;
Filter.ReturnCode#INCLUDE and #INCLUDE_AND_NEXT_COL will be considered as including the
KeyValue.
    To import data exported from HBase 0.94, use
      -Dhbase.import.version=0.94
    For performance consider the following options:
      -Dmapreduce.map.speculative=false
      -Dmapreduce.reduce.speculative=false
      -Dimport.wal.durability=<Used while writing data to hbase. Allowed values are the
supported durability values like SKIP_WAL/ASYNC_WAL/SYNC_WAL/...>
```

从上述代码中可以看到，参数很简单，只有一个表名和一个输入的目录，这里输入目录的文件格式必须与 Export 导出的文件格式一致。Export 也可以带-D 参数。

3. 数据迁移

在 HBase 系统中，有时候需要在同集群内部或集群之间复制表的部分或全部数据，可使用 HBase 自带 CopyTable 工具来完成此功能。同样地，在 bin 目录下执行以下命令：

```
[root@localhost]#./hbase org.apache.hadoop.hbase.mapreduce.CopyTable
Usage: CopyTable [general options] [--starttime=X] [--endtime=Y] [--new.name=NEW]
[--peer.adr=ADR] <tablename>

Options:
 rs.class     hbase.regionserver.class of the peer cluster
              specify if different from current cluster
 rs.impl      hbase.regionserver.impl of the peer cluster
 startrow     the start row
 stoprow      the stop row
 starttime    beginning of the time range (unixtime in millis)
              without endtime means from starttime to forever
 endtime      end of the time range.  Ignored if no starttime specified.
 versions     number of cell versions to copy
 new.name     new table's name
 peer.adr     Address of the peer cluster given in the format
              hbase.zookeeer.quorum:hbase.zookeeper.client.port:zookeeper.
znode.parent
 families     comma-separated list of families to copy
              To copy from cf1 to cf2, give sourceCfName:destCfName.
              To keep the same name, just give "cfName"
```

```
    all.cells     also copy delete markers and deleted cells
    bulkload      Write input into HFiles and bulk load to the destination table

  Args:
    tablename     Name of the table to copy

  Examples:
    To copy 'TestTable' to a cluster that uses replication for a 1 hour window:
    $ bin/hbase org.apache.hadoop.hbase.mapreduce.CopyTable --starttime=1265875194289
--endtime=1265878794289              --peer.adr=server1,server2,server3:2181:/hbase
--families=myOldCf:myNewCf,cf2,cf3 TestTable
   For performance consider the following general option:
    It is recommended that you set the following to >=100. A higher value uses more memory
but
    decreases the round trip time to the server and may increase performance.
     -Dhbase.client.scanner.caching=100
    The following should always be set to false, to prevent writing data twice, which
may produce
    inaccurate results.
   -Dmapreduce.map.speculative=false
```

其中，根据--peer.adr 参数可以区分集群内部还是集群间的复制，当设置为与当前运行命令的集群相同时为集群内复制，否则为集群间复制。另外，复制时还可以只复制部分数据，如用--families来表示要复制的列族。

4.3.3 故障处理

HBase 自带的工具除了数据移动外，还有很多调试、分析等工具，在 HBase 的 bin 目录下执行 HBase 命令，会列出它所包含的工具：

```
[root@localhost bin]# ./hbase
Usage: hbase [<options>] <command> [<args>]
Options:
  --config DIR    Configuration direction to use. Default: ./conf
  --hosts HOSTS   Override the list in 'regionservers' file
  --auth-as-server Authenticate to ZooKeeper using servers configuration

Commands:
Some commands take arguments. Pass no args or -h for usage.
```

```
shell          Run the HBase shell
hbck           Run the hbase 'fsck' tool
snapshot       Create a new snapshot of a table
snapshotinfo   Tool for dumping snapshot information
wal            Write-ahead-log analyzer
hfile          Store file analyzer
zkcli          Run the ZooKeeper shell
upgrade        Upgrade hbase
master         Run an HBase HMaster node
regionserver   Run an HBase HRegionServer node
zookeeper      Run a Zookeeper server
rest           Run an HBase REST server
thrift         Run the HBase Thrift server
thrift2        Run the HBase Thrift2 server
clean          Run the HBase clean up script
classpath      Dump hbase CLASSPATH
mapredcp       Dump CLASSPATH entries required by mapreduce
pe             Run PerformanceEvaluation
ltt            Run LoadTestTool
version        Print the version
CLASSNAME      Run the class named CLASSNAME
```

本节简单介绍几个工具，其他请参考 HBase 官网提供的资料。

1. 文件检测修复工具 hbck

hbck 工具用于 HBase 底层文件系统的检测和修复，它可以检测 Master、Region 服务器内存中的状态以及 HDFS 中数据的状态之间的一致性、完整性等。下面执行 hbck 命令，使用-h 参数查看 hbck 能提供哪些功能，代码如下：

```
[root@localhost bin]# ./hbase hbck -h
Usage: fsck [opts] {only tables}
where [opts] are:
   -help Display help options (this)
   -details Display full report of all regions.
   -timelag <timeInSeconds>  Process only regions that  have not experienced any
metadata updates in the last <timeInSeconds> seconds.
   -sleepBeforeRerun <timeInSeconds> Sleep this many seconds before checking if the
fix worked if run with -fix
   -summary Print only summary of the tables and status.
   -metaonly Only check the state of the hbase:meta table.
```

```
        -sidelineDir <hdfs://> HDFS path to backup existing meta.
        -boundaries Verify that regions boundaries are the same between META and store files.
        -exclusive Abort if another hbck is exclusive or fixing.
        -disableBalancer Disable the load balancer.


     Metadata Repair options: (expert features, use with caution!)
        -fix              Try to fix region assignments. This is for backwards compatiblity
        -fixAssignments   Try to fix region assignments. Replaces the old -fix
        -fixMeta          Try to fix meta problems. This assumes HDFS region info is good.
        -noHdfsChecking   Don't load/check region info from HDFS. Assumes hbase:meta region
    info is good. Won't check/fix any HDFS issue, e.g. hole, orphan, or overlap
        -fixHdfsHoles     Try to fix region holes in hdfs.
        -fixHdfsOrphans   Try to fix region dirs with no .regioninfo file in hdfs
        -fixTableOrphans  Try to fix table dirs with no .tableinfo file in hdfs (online mode
    only)
        -fixHdfsOverlaps  Try to fix region overlaps in hdfs.
        -fixVersionFile   Try to fix missing hbase.version file in hdfs.
        -maxMerge <n>     When fixing region overlaps, allow at most <n> regions to merge.
    (n=5 by default)
        -sidelineBigOverlaps  When fixing region overlaps, allow to sideline big overlaps
        -maxOverlapsToSideline <n>  When fixing region overlaps, allow at most <n> regions
    to sideline per group. (n=2 by default)
        -fixSplitParents  Try to force offline split parents to be online.
        -removeParents    Try to offline and sideline lingering parents and keep daughter
    regions.
        -ignorePreCheckPermission  ignore filesystem permission pre-check
        -fixReferenceFiles  Try to offline lingering reference store files
        -fixEmptyMetaCells  Try to fix hbase:meta entries not referencing any region (empty
    REGIONINFO_QUALIFIER rows)


     Datafile Repair options: (expert features, use with caution!)
        -checkCorruptHFiles     Check all Hfiles by opening them to make sure they are valid
        -sidelineCorruptHFiles  Quarantine corrupted HFiles.  implies -checkCorruptHFiles


     Metadata Repair shortcuts
        -repair                    Shortcut for -fixAssignments -fixMeta -fixHdfsHoles
    -fixHdfsOrphans -fixHdfsOverlaps -fixVersionFile -sidelineBigOverlaps -fixReferenceFiles
    -fixTableLocks -fixOrphanedTableZnodes
```

```
     -repairHoles      Shortcut for -fixAssignments -fixMeta -fixHdfsHoles


   Table lock options
     -fixTableLocks               Deletes   table   locks   held   for   a   long   time
(hbase.table.lock.expire.ms, 10min by default)


   Table Znode options
     -fixOrphanedTableZnodes    Set table state in ZNode to disabled if table does not
exists
```

从上述参数来看，hbck 命令的参数分为几类，首先是基本的参数，如 details，表示执行 hbck 时会显示所有 Region 的完整报告；然后还有一些修复的参数，包括 Metadata、Datafile 的修复选项。

hbck 命令开始执行时，会扫描 Meta 表收集所有的相关信息，同时也会扫描 HDFS 中的 root 目录，然后比较收集的信息，报告相关的一致性和完整性问题。一致性检查主要检测 Region 是否同时存在于 Meta 表和 HDFS 中，并检查是否只被指派给唯一的 Region 服务器；而完整性检查则以表为单位，将 Region 与表的细节信息进行比较以找到缺失的 Region，同时也会检查 Region 的起止键范围中的空洞或重叠情况。如果存在一致性或完整性问题，则可以使用 fix 选项来修复。

2. 文件查看工具 hfile

HBase 提供了查看文件格式 HFile 的内容，它所使用的命令是 hfile，具体参数如下：

```
[root@localhost bin]# ./hbase hfile
usage: HFile [-a] [-b] [-e] [-f <arg> | -r <arg>] [-h] [-k] [-m] [-p]
      [-s] [-v] [-w <arg>]
 -a,--checkfamily        Enable family check
 -b,--printblocks        Print block index meta data
 -e,--printkey           Print keys
 -f,--file <arg>         File to scan. Pass full-path; e.g.
                         hdfs://a:9000/hbase/hbase:meta/12/34
 -h,--printblockheaders  Print block headers for each block.
 -k,--checkrow           Enable row order check; looks for out-of-order
                         keys
 -m,--printmeta          Print meta data of file
 -p,--printkv            Print key/value pairs
 -r,--region <arg>       Region to scan. Pass region name; e.g.
                         'hbase:meta,,1'
 -s,--stats              Print statistics
 -v,--verbose            Verbose output; emits file and meta data
```

```
                              delimiters
     -w,--seekToRow <arg>        Seek to this row and print all the kvs for this
                              row only
```

例如，查看文件的内容，可以使用以下命令查看文件/hbase/users/f0bad95c7999b57010dfb4707 a29c747/info/2584769dd8334bcda4632b57f50bbe76。

```
[root@localhost bin]# ./hbase hfile -s -f /hbase/users/f0bad95c7999b57
010dfb4707a29c747/info/2584769dd8334bcda4632b57f50bbe76
Stats:
Key length: count: 3    min: 31    max: 31    mean: 31.0
Val length: count: 3    min: 10242    max: 10242    mean: 10242.0
Row size (bytes): count: 1    min: 30843    max: 30843    mean: 30843.0
Row size (columns): count: 1    min: 3    max: 3    mean: 3.0
Key of biggest row: -2016043148
```

若用户在测试或应用中，发现数据有误，可以使用该工具，查看 HFile 中的真实数据。

小 结

本章首先介绍了 HBase 存储数据的基本原理，HBase 中数据的操作主要都在 Region 服务器中完成，数据库表以 Region 的形式分布式地存储在各 Region 服务器中，Region 中的结构组成及如何查找定位 Region。然后重点介绍了 HBase 中读取和存储数据的流程，并讲解了 HBase 中的日志预写机制。最后介绍了 HBase 中 Region 的管理（即 Region 的拆分、合并及负载均衡）以及在 HBase 集群中如何增加移除 Region 服务器，包括如何导入、导出数据。

思 考 题

1. 在 HBase 中如何定位到具体的 Region？
2. 为什么 HBase 中要使用 WAL 预写机制？
3. HBase 中 StoreFile 有哪些合并方法？
4. HBase 集群中 Region 为什么需要进行合并和拆分？
5. HBase 集群移除和增加 Region 服务器时，集群会自动完成哪些功能？需要注意什么？

第5章
MongoDB 基础

本章主要介绍 MongoDB 的基本概念、基本原理和使用方法。

MongoDB 是一个开源文档数据库，提供高性能、高可用性和自动扩展的功能。MongoDB 是用 C++语言编写的非关系型数据库。与 HBase 相比，MongoDB 可以存储具有更加复杂的数据结构的数据，具有很强的数据描述能力。MongoDB 提供了丰富的操作功能，但是它没有类似于 SQL 的操作语言，语法规则相对比较复杂。

本章重点内容如下。

（1）MongoDB 的基本概念。

（2）数据库与集合的基本操作。

（3）索引和聚合。

5.1　概述

MongoDB（来自英文单词"Humongous"，中文含义为"庞大"）是可以应用于各种规模的企业、各个行业以及各类应用程序的开源数据库。MongoDB 是目前 NoSQL 数据库中使用最广泛的数据库之一，根据 DB-Engines 2018 年 9 月份发布的全球数据库排名（见图 5-1），前六名依次是 Oracle、MySQL、Microsoft SQL Server、PostgreSQL、MongoDB 和 DB2，此排名顺序已经持续很长时间，MongoDB 排名第五，在排名前六的数据库中，9 月份只有 MongoDB 的分数依然保持增长，而且还是整个排行榜中增长幅度最大的一个。同时纵向分析可知，自 2017 年 10 月开始到 2018 年 9 月，MongoDB 的分数连续增长 11 个月，这说明广大的 IT 公司和程序员对 MongoDB

的认可度越来越高。

	Rank		DBMS	Database Model	Score		
Sep 2018	Aug 2018	Sep 2017			Sep 2018	Aug 2018	Sep 2017
1.	1.	1.	Oracle ⊞	Relational DBMS	1309.12	-2.91	-49.97
2.	2.	2.	MySQL ⊞	Relational DBMS	1180.48	-26.33	-132.13
3.	3.	3.	Microsoft SQL Server ⊞	Relational DBMS	1051.28	-21.37	-161.26
4.	4.	4.	PostgreSQL ⊞	Relational DBMS	406.43	-11.07	+34.07
5.	5.	5.	MongoDB ⊞	Document store	358.79	+7.81	+26.06
6.	6.	6.	DB2 ⊞	Relational DBMS	181.06	-0.78	-17.28
7.	↑8.	↑10.	Elasticsearch ⊞	Search engine	142.61	+4.49	+22.61
8.	↓7.	↑9.	Redis ⊞	Key-value store	140.94	+2.37	+20.54
9.	9.	↓7.	Microsoft Access	Relational DBMS	133.39	+4.30	+4.58
10.	10.	↓8.	Cassandra ⊞	Wide column store	119.55	-0.02	-6.65
11.	11.	11.	SQLite ⊞	Relational DBMS	115.46	+1.73	+3.42
12.	12.	12.	Teradata ⊞	Relational DBMS	77.38	-0.02	-3.52
13.	13.	↑16.	Splunk	Search engine	74.03	+3.53	+11.45
14.	14.	↑18.	MariaDB ⊞	Relational DBMS	70.64	+2.34	+15.17
15.	15.	↓13.	Solr	Search engine	60.20	-1.69	-9.71
16.	↑18.	↑19.	Hive ⊞	Relational DBMS	59.63	+1.69	+11.02
17.	17.	↓15.	HBase ⊞	Wide column store	58.47	-0.33	-5.87
18.	↓16.	↓14.	SAP Adaptive Server ⊞	Relational DBMS	58.04	-2.39	-8.71
19.	19.	↓17.	FileMaker	Relational DBMS	55.30	-0.75	-5.69
20.	↑21.	↑22.	Amazon DynamoDB ⊞	Multi-model ⊞	53.34	+1.69	+15.52

345 systems in ranking, September 2018

图 5-1　2018 年 9 月全球数据库排名

MongoDB 是一个开源文档数据库，是用 C++语言编写的非关系型数据库。其特点是高性能、高可用、可伸缩、易部署、易使用，存储数据十分方便，主要特性有：面向集合存储，易于存储对象类型的数据，模式自由，支持动态查询，支持完全索引，支持复制和故障恢复，使用高效的二进制数据存储，文件存储格式为 BSON（一种 JSON 的扩展）等。

MongoDB 提供高性能数据读写功能，并且性能还在不断地提升。根据官方提供的 MongoDB 3.0 性能测试报告，在 YCSB 测试中，MongoDB 3.0 在多线程、批量插入场景下的处理速度比 MongoDB 2.6 快 7 倍。关于读写与响应时间的具体测试结果参见图 5-2。

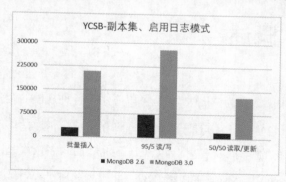
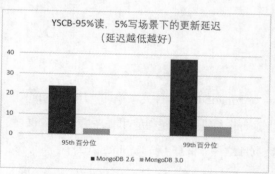

图 5-2　MongoDB 2.6 与 3.0 读写性能与响应时间性能测试

在生产过程中，因机器故障导致系统宕机的问题不可避免；集中式系统在计算能力和存储能力方面的瓶颈，也无法满足当前的数据量爆发式增长的需求。这两个问题就是系统对高可用和可伸缩架构的需求，MongoDB 在原生上就可满足这两方面的需求。MongoDB 的高可用性体现在对副本集 Replication 的支持上，可伸缩性体现在分片集群的部署方式上。

MongoDB 的 Replication 集提供自动故障转移和数据冗余服务，Replication 结构可以保证数据库中的全部数据都会有多份备份，这与 HDFS 分布式文件系统的备份机制比较类似。采用副本集的集群中具有主（Master）、从（Slaver）、仲裁（Arbiter）三种角色。主从关系（Master-Slaver）负责数据的同步和读写分离；Arbiter 服务负责心跳（Heartbeat）监控，Master 宕机时可将 Slaver 切换到 Master 状态，继续提供数据的服务，完成了数据的高可用需求。

当需要存储大量的数据时，主从服务器都需要存储全部数据，可能会出现写性能问题。同时，Replication 主要解决的是读数据高可用方面的问题，在对数据库查询时也只限制在一台服务器上，并不能支持一次查询多台数据库服务器，并没有满足数据库读写操作的分布式需求。MongoDB 提供水平可伸缩性功能的是分片（Shard）。分片与在 HDFS 分布式文件系统中上传文件会将文件切成 128MB（Hadoop2.x 默认配置）相似，通过将数据切成数片（Sharding）写入不同的分片节点，完成分布式写的操作。同时，MongoDB 在读取时提供了分布式读的操作，这个功能与 HDFS 的分布式读写十分类似。

MongoDB 的安装十分友好，部署容易，支持多种安装方式，对第三方组件的依赖很低，用户可以使用它较容易地搭建起一个完整的生产集群。MongoDB 的单机部署十分简单，针对分片副本集安装也有第三方工具提供辅助。

MongoDB 对开发者十分友好，便于使用。支持丰富的查询语言、数据聚合、文本搜索和地理空间查询，用户可以创建丰富的索引来提升查询速度，MongoDB 被称为最像关系数据库的非关系数据库。读者可以通过对比 MongoDB 与关系数据库的操作，掌握 MongoDB 的操作特点。MongoDB 允许用户在服务端执行脚本，可以用 Javascript 编写某个函数，直接在服务端执行，也可以把函数的定义存储在服务端，使用时直接调用即可。MongoDB 支持各种编程语言，包括 Ruby、Python、Java、C++、PHP、C#等。

5.2　基本概念

传统的文档数据库（Document Storage）概念的提出要追溯到 1989 年，Lotus 提出的 Notes 产品被称为文档数据库，这种文档数据库常用于管理文档，如 Word、建立工作流任务等。文档数据库区别于传统的其他数据库，它可用来管理文档，尤其擅长处理各种非结构化的文档数据。在传统的数据库中，信息被分割成离散的数据段，而在文档数据库中，文档是处理信息的基本单位。

传统的文档数据库与 20 世纪 50~60 年代管理数据的文件系统不同，文档数据库仍属于数据库范畴。首先，文件系统中的文件基本上对应于某个应用程序。当不同的应用程序所需要的数据部分相同时，也必须建立各自的文件，而不能共享数据，而文档数据库可以共享相同的数据。因此，文件系统比文档数据库数据冗余度更大，更浪费存储空间，且更难于管理维护。其次，文件系统中的文件是为某一特定应用服务的，因此，要想对现有的数据再增加一些新的应用是很困难的，系统难以扩展，数据和程序缺乏独立性。而文档数据库具有数据的物理独立性和逻辑独立性，数据和程序分离。

NoSQL 中的文档数据库（以下文档数据库均指 NoSQL 中的文档数据库）与传统的文档数据库不是同一种产品，NoSQL 中的文档数据库（MongoDB）有自己特定的数据存储结构及操作要求。在传统数据库的发展过程中，基本都是出现一种数据模型，再依据数据模型，开发出相关的数据库，例如，层次数据库是建立在层次数据模型的基础上，关系数据库是建立在关系数据模型的基础上的。NoSQL 中文档数据库的出现也是建立在文档数据模型的基础上的。

NoSQL 中的文档数据库与传统的关系数据库均建立在对磁盘读写的基础上，实现对数据的各种操作。文档数据库的设计思路是尽可能地提升数据的读写性能，为此选择性地保留了部分关系型数据库的约束，通过减少读写过程的规则约束，提升了读写性能。

5.2.1 文档数据模型

传统的关系型数据库需要对表结构进行预先定义和严格的要求，而这样的严格要求，导致了处理数据的过程更加烦琐，甚至降低了执行效率。在数据量达到一定规模的情况下，传统关系型数据库反应迟钝，想解决这个问题就需要反其道而行之，尽可能去掉传统关系型数据库的各种规范约束，甚至事先无须定义数据存储结构。

文档存储支持对结构化数据的访问，与关系模型不同的是，文档存储没有强制的架构。文档存储以封包键值对的方式进行存储，文档存储模型支持嵌套结构。例如，文档存储模型支持 XML 和 JSON 文档，字段的"值"可以嵌套存储其他文档，也可存储数组等复杂数据类型，MongoDB 存储的数据类型为 BSON，BSON 与 JSON 比较相似，文档存储模型也支持数组和键值对。MongoDB 的文档数据模型如图 5-3 所示，MongoDB 的存储逻辑结构为文档，文档中采用键值对结构，文档中的_id 为主键，默认创建主键索引。从 MongoDB 的逻辑结构可以看出，MongoDB 的相关操作大多通过指定键完成对值的操作。

文档数据库无须事先定义数据存储结构，这与键值数据库和列族数据库类似，只需在存储时采用指定的文档结构即可。从图 5-3 可以看出，一个"{}"中包含了若干个键值对，大括号中的内容就被称为一条文档。

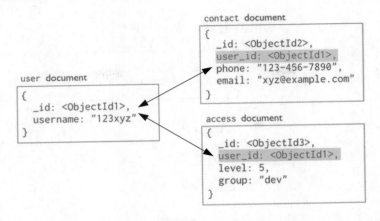

图 5-3　MongoDB 文档数据模型

5.2.2　文档存储结构

文档数据库的存储结构分为四个层次，从小到大依次是：键值对、文档（document）、集合（collection）、数据库（database）。图 5-4 描述了 MongoDB 的存储与 MySQL 存储的对应关系。从图 5-4 可以看出，MongoDB 中的文档、集合、数据库对应于关系数据库中的行数据、表、数据库。

MySQL	MongoDB	解释
database	database	数据库
table	collection	数据表/集合
row【一条记录，实体】	document	行/文档
column	field	列/字段或者属性
table join	不支持	表连接
primary key	primary key	主键

图 5-4　MongoDB 存储与 MySQL 存储的对比

1. 键值对

文档数据库存储结构的基本单位是键值对，具体包含数据和类型。键值对的数据包含键和值，键的格式一般为字符串，值的格式可以包含字符串、数值、数组、文档等类型。按照键值对的复杂程度，可以将键值对分为基本键值对和嵌套键值对。例如，图 5-3 中的键值对中的键为字符串，值为基本类型，这种键值对就称为基本键值，嵌套键值对类型如图 5-5 所示。从图 5-5 可以看出，contact 的键对应的值为一个文档，文档中又包含了相关的键值对，这种类型的键值对称为嵌套键值对。

图 5-5　嵌套键值对

键（Key）起唯一索引的作用，确保一个键值结构里数据记录的唯一性，同时也具有信息记录的作用。例如，country: "China"，用 ":" 实现了对一条地址的分割记录，"country" 起到了 "China" 的唯一地址作用，另外，"country" 作为键的内容说明了所对应内容的一些信息。

值（Value）是键所对应的数据，其内容通过键来获取，可存储任何类型的数据，甚至可以为空。

键和值的组成就构成了键值对（Key-Value Pair）。它们之间的关系是一一对应的，如定义了 "country:China" 键值对，"country" 就只能对应 "China"，而不能对应 "USA"。

文档中键的命名规则如下。

（1）UTF-8 格式字符串。

（2）不用有 "\0" 的字符串，习惯上不用 "."和 "$"。

（3）以 "_" 开头的多为保留键，自定义时一般不以 "_" 开头。

（4）文档键值对是有序的，MongoDB 中严格区分大小写。

2. 文档

文档是 MongoDB 的核心概念，是数据的基本单元，与关系数据库中的行十分类似，但是比行要复杂。文档是一组有序的键值对集合。文档的数据结构与 JSON 基本相同，所有存储在集合中的数据都是 BSON 格式。BSON 是一种类 JSON 的二进制存储格式，是 Binary JSON 的简称。一个简单的文档例子如下：

```
{"country":"China","city":"BeiJing"}
```

MongoDB 中的数据具有灵活的架构，集合不强制要求文档结构。但数据建模的不同可能会影响程序性能和数据库容量。文档之间的关系是数据建模需要考虑的重要因素。文档与文档之间的关系包括嵌入和引用两种。

下面举一个关于顾客 patron 和地址 address 之间的例子，来说明在某些情况下，嵌入优于引用。

```
{
_id: "joe",
name: "Joe Bookreader"
}


{
patron_id: "joe",
street: "123 Fake Street",
city: "Faketon",
state: "MA",
zip: "12345"
}
```

关系数据库的数据模型在设计时，将 patron 和 address 分到两个表中，在查询时进行关联，这就是引用的使用方式。如果在实际查询中，需要频繁地通过_id 获得 address 信息，那么就需要频繁地通过关联引用来返回查询结果。在这种情况下，一个更合适的数据模型就是嵌入。将 address 信息嵌入 patron 信息中，这样通过一次查询就可获得完整的 patron 和 address 信息，如下所示：

```
{
_id: "joe",
name: "Joe Bookreader",
address: {
      street: "123 Fake Street",
      city: "Faketon",
         state: "MA",
         zip: "12345"
      }
}
```

如果具有多个 address，可以将其嵌入 patron 中，通过一次查询就可获得完整的 patron 和多个 address 信息，如下所示：

```
{
_id: "joe",
name: "Joe Bookreader",
addresses:[
          {
             street: "123 Fake Street",
             city: "Faketon",
             state: "MA",
```

```
                    zip: "12345"
              },
              {
              street: "1 Some Other Street",
              city: "Boston",
              state: "MA",
              zip: "12345"
              }
        ]
    }
```

但在某种情况下，引用比嵌入更有优势。下面举一个图书出版商与图书信息的例子，代码如下：

```
{
title: "MongoDB: The Definitive Guide",
author: [ "Kristina Chodorow", "Mike Dirolf" ],
published_date: ISODate("2010-09-24"),
pages: 216,
language: "English",
publisher: {
        name: "O'Reilly Media",
        founded: 1980,
        location: "CA"
        }
}
{
title: "50 Tips and Tricks for MongoDB Developer",
author: "Kristina Chodorow",
published_date: ISODate("2011-05-06"),
pages: 68,
language: "English",
publisher: {
        name: "O'Reilly Media",
        founded: 1980,
        location: "CA"
        }
}
```

从上边例子可以看出，嵌入式的关系导致出版商的信息重复发布，这时可采用引用的方式描述集合之间的关系。使用引用时，关系的增长速度决定了引用的存储位置。如果每个出版商的图书数量很少且增长有限，那么将图书信息存储在出版商文档中是可行的。通过 books 存储每本图书的 id 信息，就可以查询到指定图书出版商的指定图书信息，但如果图书出版商的图书数量很多，则此数据模型将导致可变的、不断增长的数组 books，如下所示：

```
{
name: "O'Reilly Media",
founded: 1980,
location: "CA",
books: [123456789, 234567890, ...]
}
{
_id: 123456789,
title: "MongoDB: The Definitive Guide",
author: [ "Kristina Chodorow", "Mike Dirolf" ],
published_date: ISODate("2010-09-24"),
pages: 216,
language: "English"
}
{
_id: 234567890,
title: "50 Tips and Tricks for MongoDB Developer",
author: "Kristina Chodorow",
published_date: ISODate("2011-05-06"),
pages: 68,
language: "English"
}
```

为了避免可变的、不断增长的数组，可以将出版商引用存放到图书文档中，如下所示：

```
{
_id: "oreilly",
name: "O'Reilly Media",
founded: 1980,
location: "CA"
}
{
_id: 123456789,
title: "MongoDB: The Definitive Guide",
author: [ "Kristina Chodorow", "Mike Dirolf" ],
```

```
published_date: ISODate("2010-09-24"),

pages: 216,

language: "English",

publisher_id: "oreilly"

}

{

_id: 234567890,

title: "50 Tips and Tricks for MongoDB Developer",

author: "Kristina Chodorow",

published_date: ISODate("2011-05-06"),

pages: 68,

language: "English",

publisher_id: "oreilly"

}
```

3. 集合

MongoDB 将文档存储在集合中，一个集合是一些文档构成的对象。如果说 MongoDB 中的文档类似于关系型数据库中的"行"，那么集合就如同"表"。集合存在于数据库中，没有固定的结构，这意味着用户对集合可以插入不同格式和类型的数据。但通常情况下插入集合的数据都会有一定的关联性，即一个集合中的文档应该具有相关性。集合的结构如图 5-6 所示。

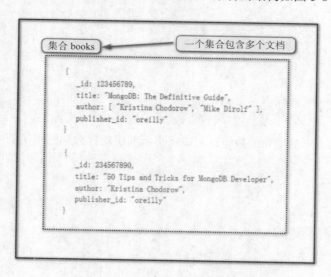

图 5-6　文档数据库中的一个集合

4. 数据库

在 MongoDB 中，数据库由集合组成。一个 MongoDB 实例可承载多个数据库，互相之间彼此独立，在开发过程中，通常将一个应用的所有数据存储到同一个数据库中，MongoDB 将不同数据库存放在不同文件中。数据库结构示例如图 5-7 所示。

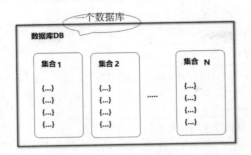

图 5-7　一个名为 DB 的数据库的结构

5.2.3　数据类型

通过前面的介绍可以了解到，MongoDB 存储的数据格式与 JSON 十分类似，MongoDB 所采用的数据格式被称为 BSON，是一种基于 JSON 的二进制序列化格式，用于 MongoDB 存储文档并进行远程过程调用。

JSON 是一种网络常用的数据格式，具有自描述性。JSON 的数据表示方式易于解析，但支持的数据类型有限。BSON 目前主要用于 MongoDB 中，选择 JSON 进行改造的原因主要是 JSON 的通用性及 JSON 的 schemaless 的特性。BSON 改进的主要特性有下面三点。

1. 更快的遍历速度

BSON 对 JSON 的一个主要的改进是，在 BSON 元素的头部有一个区域用来存储元素的长度，当遍历时，如果想跳过某个文档进行读取，就可以先读取存储在 BSON 元素头部的元素的长度，直接 seek 到指定的点上就完成了文档的跳过。在 JSON 中，要跳过一个文档进行数据读取，需要在对此文档进行扫描的同时匹配数据结构才可以完成跳过操作。

2. 操作更简易

如果要修改 JSON 中的一个值，如将 9 修改为 10，这实际是将一个字符变成了两个，会导致其后面的所有内容都向后移一位。在 BSON 中，可以指定这个列为整型，那么，当将 9 修正为 10 时，只是在整型范围内将数字进行修改，数据总长不会变化。需要注意的是：如果数字从整型增大到长整型，还是会导致数据总长增加。

3. 支持更多的数据类型

BSON 在 JSON 的基础上增加了很多额外的类型，BSON 增加了 "byte array" 数据类型。这使得二进制的存储不再需要先进行 base64 转换再存为 JSON，减少了计算开销。

BSON 支持的数据类型如表 5-1 所示。

表 5-1   BSON 支持的数据类型

类型	描述示例
NULL	表示空值或者不存在的字段，{"x":null}
Boolean	布尔型有 true 和 false，{"x":true}
Number	数值：客户端默认使用 64 位浮点型数值。{"x":3.14}或{"x":3}。对于整型值，包括 NumberInt（4 字节符号整数）或 NumberLong（8 字节符号整数），用户可以指定数值类型，{"x":NumberInt("3")}
String	字符串：BSON 字符串是 UTF-8，{"x":"中文"}
Regular Expression	正则表达式：语法与 JavaScript 的正则表达式相同，{"x":/[cba]/}
Array	数组：使用 "[]" 表示，{"x": ["a","b","c"]}
Object	内嵌文档：文档的值是嵌套文档，{"a":{"b":3 }}
ObjectId	对象 id：对象 id 是一个 12 字节的字符串，是文档的唯一标识，{"x": objectId() }
Binary Data	二进制数据：二进制数据是一个任意字节的字符串。它不能直接在 Shell 中使用。如果要将非 UTF-8 字符保存到数据库中，二进制数据是唯一的方式
JavaScript	代码：查询和文档中可以包括任何 JavaScript 代码，{"x":function(){/*…*/}}
Data	日期：{"x":new Date()}
Timestamp	时间戳：var a = new Timestamp()

5.2.4   MongoDB 的安装与测试

    MongoDB 提供了可用于 32 位和 64 位系统的预编译二进制包，用户可以从 MongoDB 官网下载安装，如图 5-8 所示，从图中可以看到 MongoDB 支持 Windows、Linux、OSX 等操作系统。本书以 Windows 为例，具体安装步骤可参考官网手册。

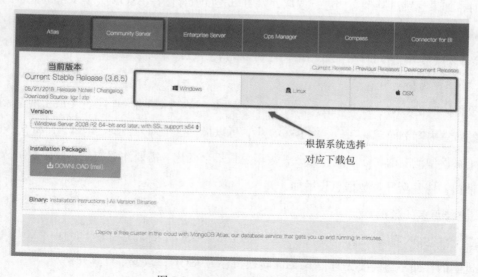

图 5-8   MongoDB 官网下载界面

MongoDB for Windows 64-bit 适合 64 位的 Windows Server 2008 R2、Windows 7 及最新版本的 Windows 10 系统。

MongoDB for Windows 32-bit 适合 32 位的 Windows 系统，32 位 Windows 系统上 MongoDB 的数据库最大为 2GB。

MongoDB for Windows 64-bit Legacy 适合 64 位的 Windows Vista、Windows Server 2003 及 Windows Server 2008。

需要说明的是，MongoDB 采用内存映射存储引擎（Memory Mapped Storage Engine，MMAP），可以把磁盘文件的一部分或全部内容直接映射到内存，这样文件中的信息位置就会在内存中有对应的地址空间，所以新版本的 MongoDB 已经不再支持 32 位的操作系统。

（1）本书采用的 MongoDB 版本为 3.4，安装环境为 Windows 64 位系统。安装步骤如下。

① 下载 64 位的.msi 文件，下载后双击该文件，按操作提示安装即可。

② 在安装过程中，通过单击 "Custom(自定义)" 按钮来设置安装目录，这里将 MongoDB 安装在 D:\MongoDB\data 目录。

③ 创建数据目录。安装完毕后先不要启动，在 MongoDB 安装目录（D:\MongoDB\data）下创建 db 目录用于存储数据，创建 log 目录用于存储日志文件，创建完毕后的界面如图 5-9 所示。

（2）与传统数据库一样，MongoDB 需要先开启服务端，再开启客户端，启动步骤如下。

① 配置 MongoDB 服务器。

在命令窗口切换到 D:\MongoDB\data\bin 目录，运行 mongod.exe 命令，同时指定数据库和 log 日志的路径：

```
mongod -dbpath "D:\mongodb\data\db" -logpath
  "D:\mongodb\data\log\mon.log"
```

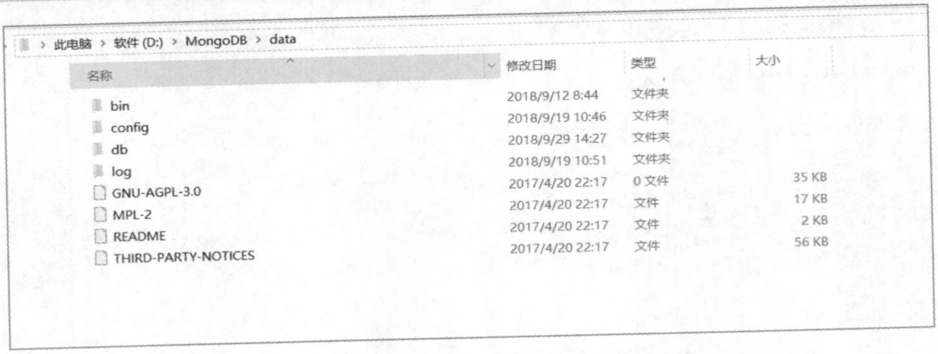

图 5-9　MongoDB 安装后界面

查看 db 和 log 目录，会发现 MongoDB 自动创建了运行所需的文件，这种方式启动 MongoDB 为前台启动，命令行窗口不能关闭。

② 启动 MongoDB 客户端。

在 D:\mongodb\data\bin 下另开一个命令窗口来开启命令行窗口，执行 mongo 命令进入 MongoDB 的 Shell 交互界面，如图 5-10 所示。

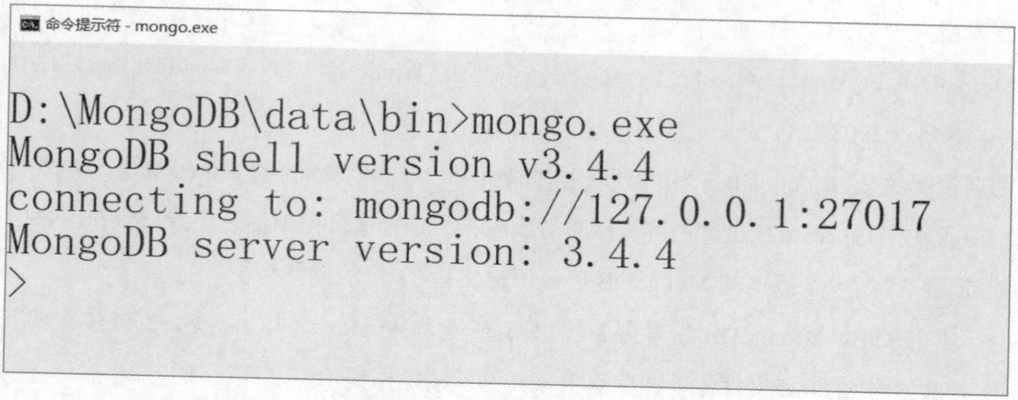

```
命令提示符 - mongo.exe

D:\MongoDB\data\bin>mongo.exe
MongoDB shell version v3.4.4
connecting to: mongodb://127.0.0.1:27017
MongoDB server version: 3.4.4
>
```

图 5-10　MongoDB 的 Shell 交互界面

（3）用户可将 MongoDB 服务设置为开机自启，方法如下。

① 配置 MongoDB 服务开机自启。

使用管理员身份进入命令窗口，切换到 D:\MongoDB\data\bin 目录，执行以下命令将 MongoDB 服务添加到系统服务中：

```
mongod -dbpath "D:\mongodb\data\db" -logpath
 "D:\mongodb\data\log\mon.log" --install --serviceName "MongoDB"
```

② 开启 MongoDB 服务。

使用 net start 命令即可完成服务开机自启动设置，需要注意的是，一定要使用管理员身份打开 CMD 窗口。

```
net start MongoDB
```

③ 移除 MongoDB 服务开机自启。

使用管理员身份进入命令窗口，切换到 D:\MongoDB\data\bin 目录，执行以下命令：

```
net stop MongoDB
mongod -dbpath "D:\mongodb\data\db" --logpath "D:\mongodb\data\log\mon.log" --remove --serviceName "MongoDB"。
```

5.3　数据库与集合的基本操作

MongoDB 将 BSON 文档（即数据记录）存储在集合中，数据库包含文档集合。在 MongoDB

数据库里面存在数据库的概念，但没有模式，保存数据的结构是 BSON 结构，只不过在进行一些数据处理的时候才会使用 MongoDB 自己的操作。MongoDB 自带了一个功能强大的 JavaScript Shell，可以用于管理或操作 MongoDB。

5.3.1　数据库操作

MongoDB 数据库初始安装完成后，默认的数据库是 test，学习时可以在默认 test 数据库上进行各种练习操作。当然在实际的操作过程中需要创建很多实例，因此，用户需要掌握自定义数据库名称的基本规则。

1. 数据库的命名规则

数据库的命名要符合 UTF-8 标准的字符串，同时要遵循表 5-2 所示的注意事项。

表 5-2　　　　　　　　　　　MongoDB 数据库命名的注意事项

序号	注意事项
1	不能是空串
2	不得含有/、\、?、$、空格、空字符等，基本只能使用 ASCII 中的字母和数字
3	区分大小写，建议全部小写
4	名称最多为 64 字节
5	不得使用保留的数据库名，如：admin、local、config

注意：数据库最终会成为文件，数据库名就是文件的名称。

（1）由于数据库名称在 MongoDB 中不区分大小写，因此数据库名称不能仅仅区别于字符。

（2）对于在 Windows 上运行的 MongoDB，数据库名称不能包含以下字符：/、\、"、$、*、<>、:、|、?。

（3）对于在 UNIX 和 Linux 系统上运行的 MongoDB，数据库名称不能包含以下字符：/、\、。、"、$。

（4）虽然 UTF-8 可以提供很多国家的语言的命名格式，在 MongoDB 数据库命名时也可以使用汉字作为数据库名，但是最好尽量采用英文字母、数字、字符等为主的命名格式。

如下命名格式是正确的：myDB、my_NewDB、myDB12。

以下命名格式则不被 MongoDB 接受：.myDB、/123。

2. 数据库操作

（1）数据库类型

MongoDB 系统保留的数据库如表 5-3 所示。

（2）创建自定义数据库

使用 use 命令创建数据库，如果数据库不存在，MongoDB 会在第一次使用该数据库时创建数据库。如果数据库已经存在则连接数据库，然后可以在该数据库进行各种操作。

```
use myDB
```

表 5-3　　　　　　　　　　　　　　　　　保留数据库

库名	作用
admin	权限数据库，添加用户到该数据库中，该用户会自动继承数据库的所有权限
local	数据库中的数据永远不会被复制
config	分片时，config 数据库在内部使用，保存分片信息
test	默认数据库，可以用来做各种测试等
自定义数据库	根据应用系统的需要建立的业务数据库

（3）查看数据库

使用 show 命令查看当前数据库列表，代码如下：

```
>show dbs            //可以在任意当前数据库上执行该命令
admin      0.000GB  //保留数据库，admin
myDB 0.000GB         //自定义数据库，myDB，该数据库里已经插入记录，没有记录的自定义数据库不会显示
local      0.000GB  //保留数据库，local
test 0.000GB         //保留数据库，test
```

MongoDB 默认的数据库为 test，如果没有创建新的数据库，集合将存储在 test 数据库中。如果自定义数据库没有插入记录，则用户在查看数据库时是不会显示的，只有插入数据的数据库才会显示相应的信息。

（4）统计数据库信息

使用 stats()方法查看某个数据库的具体统计信息，注意对某个数据库进行操作之前，一定要用 use 切换至数据库，否则会出错，代码如下：

```
>use test                //选择执行的 test 数据库
switched to db test      //use 执行后返回的结果
> db.stats()             //统计数据信息
{
    "db" : "test",       //数据库名
    "collections" : 0,   //集合数量
    "views" : 0,
    "objects" : 0,       //文档数量
    "avgObjSize" : 0,    //平均每个文档的大小
```

```
    "dataSize" : 0,            //数据占用空间大小，不包括索引，单位为字节
    "storageSize" : 0,         //分配的存储空间
    "numExtents" : 0,          //连续分配的数据块
    "indexes" : 0,             //索引个数
    "indexSize" : 0,           //索引占用空间大小
    "fileSize" : 0,            //物理存储文件的大小
    "ok" : 1
}
```

（5）删除数据库

使用 dropDatabase()方法删除数据库，代码如下：

```
>db.dropDatabase()              //删除当前数据库
{"dropped":"myDB","ok":1}       //显示结果删除成功
```

（6）查看集合

使用 getCollectionNames()方法查询当前数据库下的所有集合，代码如下：

```
>use test
>db.getCollectionNames()        //查询当前数据下所有的集合名称
```

5.3.2　集合操作

MongoDB 将文档存储在集合中。集合类似于关系数据库中的表。如果集合不存在，则 MongoDB 会在第一次存储该集合数据时创建该集合。

1. 集合名称的命名规则

MongoDB 的集合就相当于 MySQL 的一个表 table，MySQL 列出的所有表都可以使用 show tables，MongoDB 可以使用 show collections 展示所有集合。集合是一组文档，是无模式的，集合名称要求符合 UTF-8 标准的字符串，同时要遵循表 5-4 所示的注意事项。

表 5-4　　　　　　　　　　　　MongoDB 集合命名的注意事项

序号	注意事项
1	集合名不能是空串
2	不能含有空字符\0
3	不能以"system."开头，这是系统集合保留的前缀
4	集合名不能含保留字符$

对于分别部署在 Windows、Linux、UNIX 系统上的 MongoDB，集合的命名方式与数据库命名方式一致。

2. 集合操作

（1）MongoDB 创建集合的方式

集合的创建有显式和隐式两种方法。显式可通过使用 db.createCollection(name, options)方法来实现，参数 name 指要创建的集合名称，options 是可选项，指定内存大小和索引等。表 5-5 描述了 options 可使用的选项。

表 5-5　　　　　　　　　　　　　　　MongoDB 集合参数 options

参数	类型	描述
capped	Boolean	（可选）如果为 true，则启用封闭的集合。上限集合是固定大小的集合，它在达到其最大时自动覆盖其最旧的条目。如果指定 true，则还需要指定 size 参数
size	数字	（可选）指定上限集合的最大大小（以字节为单位）。如果 capped 为 true，那么还需要指定此字段的值
max	数字	（可选）指定上限集合中允许的最大文档数

注意：在插入文档时，MongoDB 首先检查上限集合 capped 字段的大小，然后检查 max 字段。显式创建集合的方法如下：

```
db.createCollection("myDB",{capped:true,size:6142800, max :10000 })
```

在 MongoDB 中，当插入文档时，如果集合不存在，则 MongoDB 会隐式地自动创建集合，方法如下：

```
db.myDB.insert({"name" : "tom"})
```

（2）其他集合操作

创建集合后可以通过 show collections 命令查看集合的详细信息。使用 renamecollection()方法可对集合进行重新命名。删除集合使用 drop()方法，具体代码如下：

```
Show collections;
db.myDB.renameCollection( "orders2014" );
db.orders2014.drop()
```

5.4　文档的基本操作

5.4.1　文档的键定义规则

文档是 MongoDB 中存储的基本单元，是一组有序的键值对集合。文档中存储的文档键的格式是符合 UTF-8 标准的字符串，同时要遵循表 5-6 所示的注意事项。

表 5-6	MongoDB 文档键命名的注意事项

序号	注意事项
1	不能包含\0 字符（空字符），因为这个字符表示键的结束
2	不能包含 "$" 和 "."，因为 "." 和 "$" 是被保留的，只能在特定环境下使用
3	区分类型（如字符串和整数等），同时也区分大小写
4	键不能重复，在一条文档里起唯一的作用

注意，以上所有规范必须符合 UTF-8 标准的字符串，文档的键值对是有顺序的，相同的键值对如果有不同顺序，也是不同的文档。例如，以下两组文档是不同的。

（1）组 1：

```
{"recommend":"5"}
{"recommend":5}
```

（2）组 2：

```
{"Recommend":"5"}
{"recommend":"5"}。
```

5.4.2　插入操作

要将数据插入 MongoDB 集合中，可以使用 MongoDB 的 insert()方法，同时 MongoDB 针对插入一条还是多条数据，提供了更可靠的 insertOne()和 insertMany()方法。

MongoDB 向集合里插入记录时，无须事先对数据存储结构进行定义。如果待插入的集合不存在，则插入操作会默认创建集合。在 MongoDB 中，插入操作以单个集合为目标，MongoDB 中的所有写入操作都是单个文档级别的原子操作。

向集合中插入数据的语法如下：

```
db.collection.insert(
<document or array of documents>,
{
    writeConcern: <document>,   //可选字段
    ordered: <boolean>          //可选字段
}
)
```

db 为数据库名，如当前数据库名为 "test"，则用 test 代替 db，collection 为集合名，insert 为插入文档命令，三者之间用 "." 连接。<document or array of documents>参数表示可设置插入一条或多条文档。writeConcern:<document>参数表示自定义写出错的级别，是一种出错捕捉机制。

ordered:<boolean>默认为 true，如果为 true，在数组中执行文档的有序插入，并且如果其中一个文档发生错误，MongoDB 将返回而不处理数组中的其余文档；如果为 false，则执行无序插入，若其中一个文档发生错误，则忽略错误，继续处理数组中的其余文档。

插入不指定_id 字段的文档的代码如下：

```
> db.test.insert( { item: "card", qty: 15 } )
```

在插入期间，mongod 将创建_id 字段并为其分配唯一的 ObjectId 值，这里的 mongod 是一个 MongoDB 服务器的实例，也就是 MongoDB 服务驻扎在计算机上的进程。查看集合文档的代码如下：

```
> db.test.find()
{ "_id" : ObjectId("5bacac84bb5e8c5dff78dc21"), "item":"card", "qty" : 15 }
```

这些 ObjectId 值与执行操作时的机器和时间有关。因此，用户执行这段命令后的返回值与示例中的值是不同的。

插入指定_id 字段的文档，值_id 必须在集合中唯一，以避免重复键错误，代码如下：

```
> db.test.insert(
{ _id: 10, item: "box", qty: 20 }
 )
> db.test.find()
{ "_id" : 10, "item" : "box", "qty" : 20 }
```

可以看到新插入文档的 id 值为设置的 id 值。

插入的多个文档无须具有相同的字段。例如，下面代码中的第一个文档包含一个_id 字段和一个 type 字段，第二个和第三个文档不包含_id 字段。因此，在插入过程中，MongoDB 将会为第二个和第三个文档创建默认_id 字段，代码如下：

```
db.test.insert(
[
    { _id: 11, item: "pencil", qty: 50, type: "no.2" },
    { item: "pen", qty: 20 },
    { item: "eraser", qty: 25 }
]
)
```

查询验证，可以看到在_id 插入期间，系统自动为第二、第三个文档创建了字段，代码如下：

```
> db.test.find()
{ "_id" : 11, "item" : "pencil", "qty" : 50, "type" : "no.2" }
{ "_id" : ObjectId("5bacf31728b746e917e06b27"), "item" : "pen", "qty" : 20 }
{ "_id" : ObjectId("5bacf31728b746e917e06b28"), "item" : "eraser", "qty" : 25 }
```

用变量方式插入文档，代码如下：

```
> document=({name:"c 语言",price:40}) //document 为变量名
> db.test.insert(document)
```

有序地插入多条文档的代码如下：

```
> db.test.insert([
    {_id:10,item:"pen",price:"20"},
    {_id:12,item:"redpen",price:"30"},
    {_id:11,item:"bluepen",price:"40"}
],
{ordered:true}
)
```

在设置 ordered:true 时，插入的数据是有序的，如果存在某条待插入文档和集合的某文档_id 相同的情况，_id 相同的文档与后续文档都将不再插入。在设置 ordered:false 时，除了出错记录（包括_id 重复）外其他的记录继续插入。

MongoDB3.2 更新后新增以下两种新的文档插入命令如下：

```
db.collection.insertOne()
db.collection.insertMany()
```

使用 insertOne()插入一条文档的代码如下：

```
db.test.insertOne( { item: "card", qty: 15 } );
```

使用 insertMany()插入多条文档的代码如下：

```
db.test.insertMany( [
{ item: "card", qty: 15 },
{ item: "envelope", qty: 20 },
{ item: "stamps" , qty: 30 }
] );
```

5.4.3　更新操作

MongoDB 使用 update()和 save()方法来更新集合中的文档。

1．update()

update()更新文档的基本语法如下：

```
db.collection.update(
<query>,
<update>,
{
    Upsert,
    multi,
```

```
        writeConcern,
        collation
    }
    )
```

<query>参数设置查询条件，<update>为更新操作符。

upsert 为布尔型可选项，表示如果不存在 update 的记录，是否插入这个新的文档。true 为插入；默认为 false，不插入。

multi 也是布尔型可选项，默认是 false，只更新找到的第一条记录。如果为 true，则把按条件查询出来的记录全部更新。

writeConcern 表示出错级别。

collation 指定语言。

例如，插入一条数据后，使用 update 进行更改，代码如下：

```
db.test.insertMany( [
{ item: "card", qty: 15 },
{ item: "envelope", qty: 20 },
{ item: "stamps" , qty: 30 }
] );
```

将 item 为 card 的数量 qty 更正为 35，代码如下：

```
db. test.update(
{
item: "card"
},
{
    $set:{qty:35}
}
```

collation 特性允许 MongoDB 的用户根据不同的语言定制排序规则，在 MongoDB 中字符串默认当作一个普通的二进制字符串来对比。而对于中文名称，通常有按拼音顺序排序的需求，这时就可以通过 collation 来实现。创建集合时，指定 collation 为 zh，按 name 字段排序时，则会按照 collation 指定的中文规则来排序，代码如下：

```
db.createCollection("person", {collation: {locale: "zh"}}) // 创建集合并指定语言
db.person.insert({name: "张三"})
db.person.insert({name: "李四"})
db.person.insert({name: "王五"})
db.person.insert({name: "马六"})
```

```
db.person.insert({name: "张七"})
db.person.find().sort({name: 1}) //查询并排序
//查询返回结果
{ "_id" : ObjectId("586b995d0cec8d86881cffae"), "name" : "李四" }
{ "_id" : ObjectId("586b995d0cec8d86881cffb0"), "name" : "马六" }
{ "_id" : ObjectId("586b995d0cec8d86881cffaf"), "name" : "王五" }
{ "_id" : ObjectId("586b995d0cec8d86881cffb1"), "name" : "张七" }
{ "_id" : ObjectId("586b995d0cec8d86881cffad"), "name" : "张三" }
```

2. save()

MongoDB 另一个更新命令是 save()，语法格式如下：

```
db.collection.save(obj)
```

obj 代表需要更新的对象，如果集合内部已经存在一个与 obj 相同的"_id"的记录，Mongodb 会把 obj 对象替换为集合内已存在的记录；如果不存在，则会插入 obj 对象。

如下代码会先保存一个_id 为 100 的记录，然后再执行 save，并对当前已经存在的数据进行修改：

```
db.products.save( { _id: 100, item: "water", qty: 30 } )
db.products.save( { _id : 100, item : "juice" } )
```

如果使用 insert 插入记录，若新增数据的主键已经存在，则会抛出 DuplicateKeyException 异常提示主键重复，不保存当前数据。

5.4.4　删除操作

1. remove

如果不再需要 MongoDB 中存储的文档，可以通过删除命令将其永久删除。删除 MongoDB 集合中的数据可以使用 remove()函数。remove()函数可以接受一个查询文档作为可选参数来有选择性地删除符合条件的文档。删除文档是永久性的，不能撤销，也不能恢复。因此，在执行 remove()函数前最好先用 find()命令来查看是否正确。

remove()方法的基本语法格式如下所示：

```
db.collection.remove(
<query>,
{
    justOne: <boolean>, writeConcern: <document>
}
)
```

query 为必选项，是设置删除的文档的条件。

justOne 为布尔型的可选项，默认为 false，删除符合条件的所有文档，如果设为 true，则只删除一个文档。

writeConcern 为可选项，设置抛出异常的级别。

下面举例说明删除集合中的文档，先进行两次插入操作，代码如下：

```
>db.test.insert(
{
    title: 'MongoDB ',
    description: 'MongoDB 是一个 NoSQL 数据库',
    by: '瑞翼教育',
    tags: ['mongodb', 'database', 'NoSQL'],
    likes: 100
}
)
```

使用 find()函数查询的代码如下：

```
> db.test.find()
{ "_id" : ObjectId("5ba9d8b124857a5fefc1fde6"), "title" : "MongoDB ", "description" :
"MongoDB 是一个 NoSQL 数据库", "by" : 瑞翼教育, "tags" : [ "mongodb", "database", "NoSQL" ],
"likes" : 100 }
{ "_id" : ObjectId("5ba9d90924857a5fefc1fde7"), "title" : "MongoDB ", "description" :
"MongoDB 是一个 NoSQL 数据库", "by" : 瑞翼教育, "tags" : [ "mongodb", "database", "NoSQL" ],
"likes" : 100 }
```

接下来移除 title 为 'MongoDB ' 的文档，执行以下操作后，查询会发现两个文档记录均被删除：

```
>db.test.remove({'title':'MongoDB '})
WriteResult({ "nRemoved" : 2 })        # 删除了两条数据
```

另外，可以设置比较条件，如下操作为删除 price 大于 3 的文档记录：

```
>db.test.remove(
{
    price:{$gt:3}
}
)
```

2. delete

官方推荐使用 deleteOne()和 deleteMany()方法删除文档。语法格式如下：

```
db.collection.deleteMany({})
db.collection.deleteMany({ status : "A" })
db.collection.deleteOne( { status: "D" } )
```

第一条语句删除集合下所有的文档，第二条语句删除 status 等于 A 的全部文档，第三条语句删除 status 等于 D 的一个文档。

5.4.5 查询操作

在关系型数据库中，可以实现基于表的各种各样的查询，以及通过投影来返回指定的列，相应的查询功能也可以在 MongoDB 中实现。同时由于 MongoDB 支持嵌套文档和数组，MongoDB 也可以实现基于嵌套文档和数组的查询。

1. find 简介

MongoDB 中查询文档使用 find()方法。find()方法以非结构化的方式来显示所要查询的文档，查询数据的语法格式如下：

```
>db.collection.find(query, projection)
```

query 为可选项，设置查询操作符指定查询条件，projection 也为可选项，表示使用投影操作符指定返回的字段，如果忽略此选项则返回所有字段。

查询 test 集合中的所有文档时，为了使显示的结果更为直观，可使用.pretty()方法以格式化的方式来显示所有文档，方法如下：

```
> db.test.find().pretty()
```

除了 find()方法，还可使用 findOne()方法，它只返回一个文档。

2. 查询条件

MongoDB 支持条件操作符，表 5-7 为 MongoDB 与 RDBMS 的条件操作符的对比，读者可以通过对比来理解 MongoDB 中条件操作符的使用方法。

表 5-7　　　　　　　　　　　　　MongoDB 与 RDBMS 的查询比较

操作符	格式	实例	与 RDBMS where 语句比较
等于(=)	{<key>:{<value>}	db.test.find({price:24 })	where price=24
大于(>)	{<key>:{$gt:<value>}}	db.test.find({price:{$gt:24}})	where price>24
小于(<)	{<key>:{$lt:<value>}}	db.test.find({price:{$lt:24}})	where price<24
大于等于(>=)	{<key>:{$gte:<value>}}	db.test.find({price:{$gte:24}})	where price>=24
小于等于(<=)	{<key>:{$lte:<value>}}	db.test.find({price:{$lte:24}})	where price<=24
不等于(!=)	{<key>:{$ne:<value>}}	db.test.find({price:{$ne:24}})	where price!=24
与(and)	{key01:value01,key02:value02,…}	db.test.find({name:"《MongoDB 教程》",price:24})	where name="《MongoDB 教程》"and price=24
或(or)	{$or:[{key01:value01},{key02:value02},…]}	db.test.find({$or:[{name:"《MongoDB 教程》"},{price:24}]})	where name="《MongoDB 教程》"or price=24

3. 特定类型查询

特定类型查询结果在 test 集合中有以下文档为基础：

```
> db.test.find()
 { "_id" : ObjectId("5ba7342c7f9318ea62161351"), "name" : "《MongoDB 教程》", "price" :
24, "tags" : [ "MongoDB", "NoSQL", "database" ], "by" : "瑞翼教育" }
 { "_id" : ObjectId("5ba747bd7f9318ea62161352"), "name" : "Java 教程", "price" : 36,
"tags" : [ "编程语言", "Java 语言", " 面向对象程序设计语言" ], "by" : "瑞翼教育" }
 { "_id" : ObjectId("5ba75a057f9318ea62161356"), "name" : "王二", "age" : null }
```

查询 age 为 null 的字段的语法格式如下：

```
> db.test.find({age:null})
```

此语句不仅匹配出 age 为 null 的文档，其他不同类型的文档也会被查出。这是因为 null 不仅
会匹配某个键值为 null 的文档，而且还会匹配不包含这个键的文档。

查询数组可使用以下语法格式：

```
> db.test.find(
{
    tags:['MongoDB','NoSQL','database']
}
)
{ "_id" : ObjectId("5ba7342c7f9318ea62161351"), "name" : "《MongoDB 教程》", "price" :
24, "tags" : [ "MongoDB", "NoSQL", "database" ], "by" : "瑞翼教育" }
```

查询有 3 个元素的数组的代码如下：

```
> db.test.find(
{
    tags:{$size:3}
}
)
{"_id" : ObjectId("5baf9b6663ba0fb3cccc1e77"),"name" : "《MongoDB 教程》","price" : 24,
"tags" : ["MongoDB","NoSQL","database"],"by" : "瑞翼教育"}
{"_id" : ObjectId("5baf9bc763ba0fb3cccc1e78"),"name" : "《Java 教程》","price" : 36,
"tags" : ["编程语言","Java 语言"," 面向对象程序设计语言"],"by" : "瑞翼教育"}
```

查询数组里的某一个值的代码如下：

```
> db.test.find(
{
    tags:"MongoDB"
}
)
```

```
{"_id" : ObjectId("5baf9b6663ba0fb3cccc1e77"),"name" : "《MongoDB 教程》","price" : 24,
"tags" : ["MongoDB","NoSQL","database"],"by" : "瑞翼教育"}
```

limit()函数与 SQL 中的作用相同，用于限制查询结果的个数，如下语句只返回 3 个匹配的结果。若匹配的结果不到 3 个，则返回匹配数量的结果：

```
>db.test.find().limit(3)
```

skip()函数用于略过指定个数的文档，如下语句略过第一个文档，返回后两个：

```
>db.test.find().skip(1)
```

sort()函数用于对查询结果进行排序，1 是升序，–1 是降序，如下语句可将查询结果升序显示：

```
>db.test.find().sort({"price":1})
```

使用$regex 操作符来设置匹配字符串的正则表达式，不同于全文检索，使用正则表达式无须进行任何配置。如下所示为使用正则表达式查询含有 MongoDB 的文档：

```
> db.test.find({tags:{$regex:"MongoDB"}})
{ "_id" : ObjectId("5ba7342c7f9318ea62161351"), "name" : "《MongoDB 教程》", "price" :
24, "tags" : [ "MongoDB", "NoSQL" ], "by" : "瑞翼教育" }
```

4．游标

游标是指对数据一行一行地进行操作，在 MongoDB 数据库中对游标的控制非常简单，只需使用 find()函数就可以返回游标。有关游标的方法参见表 5-8。

表 5-8　　　　　　　　　　　　　　　　MongoDB 游标的使用

方法名	作用
hasNext	判断是否有更多的文档
next	用来获取下一条文档
toArray	将查询结果放到数组中
count	查询的结果为文档的总数量
limit	限制查询结果返回数量
skip	跳过指定数目的文档
sort	对查询结果进行排序
objsLeftlnBatch	查看当前批次剩余的未被迭代的文档数量
addOption	为游标设置辅助选项，修改游标的默认行为
hint	为查询强制使用指定索引
explain	用于获取查询执行过程报告
snapshot	对查询结果使用快照

使用游标时，需要注意下面 4 个问题。

（1）当调用 find()函数时，Shell 并不立即查询数据库，而是等真正开始获取结果时才发送查询请求。

（2）游标对象的每个方法几乎都会返回游标对象本身，这样可以方便进行链式函数的调用。

（3）在 MongoDB Shell 中使用游标输出文档包含两种情况，如果不将 find()函数返回的游标赋值给一个局部变量进行保存，在默认情况下游标会自动迭代 20 次。如果将 find()函数返回的游标赋值给一个局部变量，则可以使用游标对象提供的函数进行手动迭代。

（4）使用清空后的游标，进行迭代输出时，显示的内容为空。

游标从创建到被销毁的整个过程存在的时间，被称为游标的生命周期，包括游标的创建、使用及销毁三个阶段。当客户端使用 find()函数向服务器端发起一次查询请求时，会在服务器端创建一个游标，然后就可以使用游标函数来操作查询结果。以下三种情况会让游标被销毁。

① 客户端保存的游标变量不在作用域内。

② 游标遍历完成后，或者客户端主动发送终止消息。

③ 在服务器端 10 分钟内未对游标进行操作。

以下语句显示使用游标查找所有文档：

```
>var cursor = db.test.find()
>while (cursor.hasNext()){
var doc = cursor.next();
print (doc.name); //把每一条数据都单独拿出来进行逐行的控制
print (doc)          //将游标数据取出来后，其实每行数据返回的都是一个[object BSON]型的内容
printjson (doc); //将游标获取的集合以 JSON 的形式显示
}
```

5.5　索引

索引的作用是为了提升查询效率，在查询操作中，如果没有索引，MongoDB 会扫描集合中的每个文档，以选择与查询语句匹配的文档。如果查询条件带有索引，MongoDB 将扫描索引，通过索引确定要查询的部分文档，而非直接对全部文档进行扫描。

5.5.1　索引简介

索引可以提升文档的查询速度，但建立索引的过程需要使用计算与存储资源，在已经建立索引的前提下，插入新的文档会引起索引顺序的重排。MongoDB 的索引是基于 B-tree 数据结构及对应

算法形成的。树索引存储特定字段或字段集的值，按字段值排序。索引条目的排序支持有效的等式匹配和基于范围的查询操作。图 5-11 所示的过程说明了使用索引选择和排序匹配文档的查询过程。

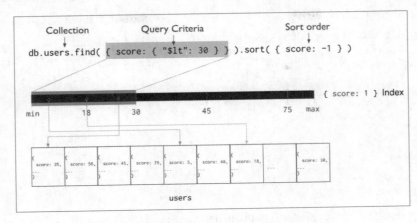

图 5-11　带有索引的查询过程

从根本上说，MongoDB 中的索引与其他数据库系统中的索引类似。MongoDB 在集合级别定义索引，并支持 MongoDB 集合中文档的任何字段或子字段的索引。

MongoDB 在创建集合时，会默认在_id 字段上创建唯一索引。该索引可防止客户端插入具有相同字段的两个文档，_id 字段上的索引不能被删除。在分片集群中，如果不将该_id 字段用作分片键，则应用需要自定义逻辑来确保_id 字段中值的唯一性，通常通过使用标准的自生成的 ObjectId 作为_id。

5.5.2　索引类型

MongoDB 中索引的类型大致包含单键索引、复合索引、多键值索引、地理索引、全文索引、散列索引等。下面简单介绍各类索引的用法，关于索引的详细使用方法可参考官网手册。

1. 单键索引

MongoDB 支持文档集合中任何字段的索引，在默认情况下，所有集合在_id 字段上都有一个索引，应用程序和用户可以添加额外的索引来支持重要的查询操作，单键索引可参考图 5-12。

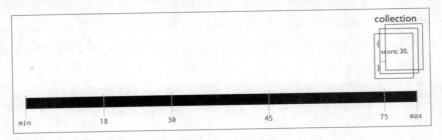

图 5-12　单键索引示意图

对于单字段索引和排序操作，索引键的排序顺序（即升序或降序）无关紧要，因为 MongoDB 可以在任意方向上遍历索引，创建单键索引的语法结构如下：

```
>db.collection.createIndex( { key: 1 } ) //1 为升序，-1 为降序
```

以下示例为插入一个文档，并在 score 键上创建索引，具体步骤如下：

```
>db.records.insert(
{
    "score": 1034,
    "location": { state: "NY", city: "New York" }
}
)
db.records.createIndex( { score: 1 } )
```

使用 score 字段进行查询，再使用 explain()函数，可以查看查询过程：

```
db.records.find({score:1034}).explain()
```

具体返回结果这里不再显示，读者可自行查阅。

2. 复合索引

MongoDB 支持复合索引，其中复合索引结构包含多个字段。图 5-13 说明了两个字段的复合索引示例。

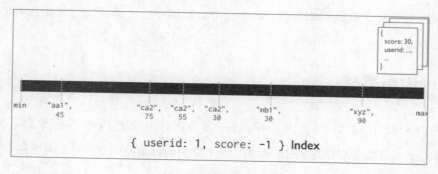

图 5-13　复合索引示意图

复合索引可以支持在多个字段上进行的匹配查询，语法结构如下：

```
db.collection.createIndex( { <key1>: <type>, <key2>:
<type2>, ... } )
```

需要注意的是，在建立复合索引的时候一定要注意顺序的问题，顺序不同将导致查询的结果也不相同。如下语句创建复合索引：

```
>db.records.createIndex( { "score": 1, " location.state": 1 } )
```

查看复合索引的查询计划的语法如下：

```
>db.records.find({score:1034,"location.state":"NY"}).explain()
```

3. 多键值索引

若要为包含数组的字段建立索引，MongoDB 会为数组中的每个元素创建索引键。这些多键值索引支持对数组字段的高效查询，如图 5-14 所示。

创建多键值索引的语法如下：

```
>db.collecttion.createIndex( { <key>: < 1 or -1 > } )
```

需要注意的是，如果集合中包含多个待索引字段是数组，则无法创建复合多键索引。

以下示例代码展示插入文档，并创建多键值索引：

```
>db.survey.insert({item: "ABC",ratings: [ 2, 5, 9 ]})
>db.survey.createIndex({ratings:1})
>db.survey.find({ratings:2}).explain()
```

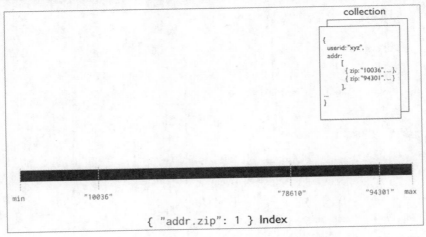

图 5-14　多键值索引示意图

4. 地理索引

地理索引包含两种地理类型，如果需要计算的地理数据表示为类似于地球的球形表面上的坐标，则可以使用 2dsphere 索引。通常可以按照坐标轴、经度、纬度的方式把位置数据存储为 GeoJSON 对象。GeoJSON 的坐标参考系使用的是 wgs84 数据。如果需要计算距离（在一个欧几里得平面上），通常可以按照正常坐标对的形式存储位置数据，可使用 2d 索引。

使用 2dsphere 索引的语法结构如下：

```
db.collecttion.createIndex( { <location field> : "2dsphere" } )
```

使用 2d 索引的语法结构如下：

```
db.<collection>.createIndex(
{
    <location field> : "2d" ,
    <additional field> : <value>
```

```
    },
    {
        <index-specification options>
    }
)
```

这里以 2dsphere 为示例，创建地理索引：

```
>db.places.insert(
{
    loc : { type: "Point", coordinates: [ -73.97, 40.77 ] },
    name: "Central Park",
    category : "Parks"
}
)
>db.places.insert(
{
    loc : { type: "Point", coordinates: [ -73.88, 40.78 ] },
    name: "La Guardia Airport",
    category : "Airport"
}
)
>db.places.createIndex( { loc : "2dsphere" } )
>db.places.find({loc:"2dsphere"}).explain()
```

MongoDB 在地理空间查询方面还有很多的应用，读者可以进行适当的拓展。

5. 其他索引

（1）全文索引

MongoDB 的全文检索提供三个版本，用户在使用时可以指定相应的版本，如果不指定则默认选择当前版本对应的全文索引。MongoDB 提供的文本索引支持对字符串内容的文本搜索查询，但是这种索引因为需要检索的文件比较多，因此在使用的时候检索时间较长。语法结构如下：

```
db.collection.createIndex( { key: "text" } )
```

（2）散列索引

散列（Hashed）索引是指按照某个字段的散列值来建立索引，目前主要用于 MongoDB Sharded Cluster 的散列分片，散列索引只能用于字段完全匹配的查询，不能用于范围查询等。其语法如下：

```
db.collection.createIndex( { _id: "hashed" } )
```

MongoDB 支持散列任何单个字段的索引，但是不支持多键（即数组）索引。

需要说明的是，MongoDB 在进行散列索引之前，需要将浮点数截断为 64 位整数。例如，散列将对 2.3、2.2 和 2.9 这些值产生同样的返回值。

上面列出的都是索引的类别，在每个索引的类别上还可以加上一些参数，使索引更加具有针对性，常见的参数包括稀疏索引、唯一索引、过期索引等。

稀疏索引只检索包含具有索引字段的文档，即使索引字段包含空值，检索时也会跳过所有缺少索引字段的文档。因为索引不包含集合的所有文档，所以说索引是稀疏的。相反，非稀疏索引包含集合中的所有文档，存储不包含索引字段的文档的空值。设置稀疏索引的语法如下：

```
db.collection.createIndex( { "key": 1 }, { sparse: true } )
```

如果设置了唯一索引，新插入文档时，要求 key 的值是唯一的，不能有重复的出现，设置唯一索引的语法如下：

```
db.collection.createIndex( { "key": 1 }, { unique: true } )
```

过期索引是一种特殊的单字段索引，MongoDB 可以用来在一定时间或特定时间后从集合中自动删除文档。过期索引对于处理某些类型的信息非常有用，例如，机器生成的事务数据、日志和会话信息，这些信息只需要在数据库中存在有限的时间，不需要长期保存。创建过期索引的语法如下：

```
db.collection.createIndex( { "key": 1 }, { expireAfterSeconds: 3600 } )
```

需要注意的是，MongoDB 是每 60s 执行一次删除操作，因此短时间内执行会出现延迟现象。

5.5.3　索引操作

1. 查看现有索引

若要返回集合上所有索引的列表，则需使用驱动程序的 db.collection.getIndexes()方法或类似方法。例如，可使用如下方法查看 records 集合上的所有索引：

```
db.records.getIndexes()
```

2. 列出数据库的所有索引

若要列出数据库中所有集合的所有索引，则需在 MongoDB 的 Shell 客户端中进行以下操作：

```
db.getCollectionNames().forEach(function(collection)
{
indexes = db[collection].getIndexes();
print("Indexes for " + collection + ":");
printjson(indexes);
});
```

3. 删除索引

MongoDB 提供的两种从集合中删除索引的方法如下：

```
db.collection.dropIndex()

db.collection.dropIndexes()
```

若要删除特定索引，则可使用该 db.collection.dropIndex()方法。例如，以下操作将删除集合中 score 字段的升序索引：

```
db.records.dropIndex( { "score": 1 } ) // 升序降序不能错，如果为-1，则提示无索引
```

还可以使用 db.collection.dropIndexes()删除除_id 索引之外的所有索引。例如，以下命令将从 records 集合中删除所有索引：

```
db.records.dropIndexes()
```

4. 修改索引

若要修改现有索引，则需要删除现有索引并重新创建索引。

5.6　聚合

聚合操作主要用于处理数据并返回计算结果。聚合操作将来自多个文档的值组合在一起，按条件分组后，再进行一系列操作（如求和、平均值、最大值、最小值）以返回单个结果。MongoDB 提供了三种执行聚合的方法：聚合管道、map-reduce 和单一目标聚合方法。本节只介绍前两种方法。

5.6.1　聚合管道方法

MongoDB 的聚合框架就是将文档输入处理管道，在管道内完成对文档的操作，最终将文档转换为聚合结果。

最基本的管道阶段提供过滤器，其操作类似查询和文档转换，可以修改输出文档的形式。其他管道操作提供了按特定字段对文档进行分组和排序的工具，以及用于聚合数组内容（包括文档数组）的工具。此外，在管道阶段还可以使用运算符来执行诸如计算平均值或连接字符串之类的任务。聚合管道可以在分片集合上运行。聚合管道方法的流程参见图 5-15。

图 5-15 的聚合操作相当于 MySQL 中的以下语句：

```
select cust_id as _id,sum(amount) as total from orders where
status like  "%A%" group by cust_id;
```

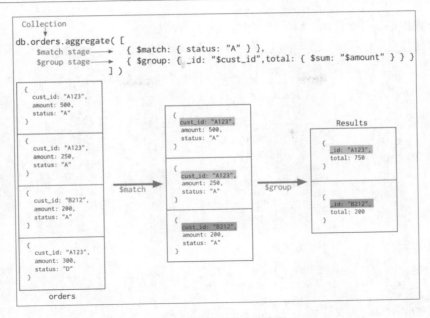

图 5-15　聚合管道方法流程

MongoDB 中的聚合操作语法如下：

```
db.collection.aggregate([
{
    $match : {< query >} },
}
{
    $group: {< field1 >: < field2 >}
}
])
```

Query 设置统计查询条件，类似于 SQL 的 where. field1 为分类字段，要求使用_id 名表示分类字段，field2 为包含各种统计操作符的数字型字段，如$sum、$avg、$min 等。

这个语法看起来比较难以理解，下面给出一个示例进行对照：

```
db.mycol.aggregate([
{
    $group : {_id : "$by_user", num_tutorial : {$sum : 1}}
}
])
```

相当于 MySQL 中的：

```
select by_user as _id, count(*) as num_tutorial from mycol group by by_user;
```

再举一个复杂的例子，按照指定条件对文档进行过滤，然后对满足条件的文档进行统计，并将统计结果输出到临时文件中。首先插入多条文档，代码如下：

```
db.articles.insert([
{"_id" : 10, "author" : "dave", "score" : 80, "views" : 100 },
{ "_id" : 11, "author" : "dave", "score" : 85, "views" : 521 },
{ "_id" : 12, "author" : "ahn", "score" : 60, "views" : 1000 },
{ "_id" : 13, "author" : "li", "score" : 55, "views" : 5000 },
{ "_id" : 14, "author" : "annT", "score" : 60, "views" : 50 },
{ "_id" : 15, "author" : "li", "score" : 94, "views" : 999 },
{ "_id" : 16, "author" : "ty", "score" : 95, "views" : 1000 }
]);
```

再进行聚合分类统计，代码如下：

```
db.articles.aggregate([
{
    $match: { $or: [ { score: { $gt: 70, $lt: 90 } }, { views: { $gte: 1000 } } ] } },
    { $group: { _id: null, count: { $sum: 1 } } }
}
]);
```

最终统计结果为：

```
{ "_id" : null, "count" : 5 }
```

管道阶段的 RAM 限制为 100MB。若要允许处理大型数据集，则可使用 allowDiskUse 选项启用聚合管道阶段，将数据写入临时文件。

5.6.2 map-reduce 方法

MongoDB 还提供了 map-reduce 方法来执行聚合。通常 map-reduce 方法有两个阶段：首先 map 阶段将大批量的工作数据分解执行，然后 reduce 阶段再将结果合并成最终结果。与其他聚合操作相同，map-reduce 可以指定查询条件以选择输入文档以及排序和限制结果。

map-reduce 使用自定义 JavaScript 函数来执行映射和减少操作，虽然自定义 JavaScript 与聚合管道相比提供了更大的灵活性，但通常 map-reduce 比聚合管道效率更低、更复杂。map-reduce 可以在分片集合上运行，也可以输出到分片集合。map-reduce 的语法如下：

```
>db.collection.mapReduce(
function() {emit(key,value);},
function(key,values) {return reduceFunction}
{ query: document,out: collection}
)
```

function() {emit(key,value);}为 map 映射函数，负责生成键值对序列，并作为 reduce 函数输入参数。function(key,values) {return reduceFunction}为 reduce 统计函数，reduce 函数的任务就是将 key-values 变成 key-value，也就是把 values 数组转换成一个单一的值 value。

query 设置筛选条件，只有满足条件的文档才会调用 map 函数。

out 为统计结果的存放集合，如果不指定则使用临时集合，但会在客户端断开后自动删除。

举例说明使用 map-reduce 方法进行 MongoDB 文档数据的聚合。首先插入数据，数据为每位顾客 cust_id 的消费情况，代码如下：

```
db.order.insert([
    {"cust_id":"1","status":"A","price":25,"items":[{"sku":"mmm","qty":5,"price":2.5},
{"sku":"nnn","qty":5,"price":2.5}]},
    {"cust_id":"1","status":"A","price":25,"items":[{"sku":"mmm","qty":5,"price":2.5},
{"sku":"nnn","qty":5,"price":2.5}]},
    {"cust_id":"2","status":"A","price":25,"items":[{"sku":"mmm","qty":5,"price":2.5},
{"sku":"nnn","qty":5,"price":2.5}]},
    {"cust_id":"3","status":"A","price":25,"items":[{"sku":"mmm","qty":5,"price":2.5},
{"sku":"nnn","qty":5,"price":2.5}]},
    {"cust_id":"3","status":"A","price":30,"items":[{"sku":"mmm","qty":6,"price":2.5},
{"sku":"nnn","qty":6,"price":2.5}]}
    ])
```

编写 map 函数，cust_id 作为 map 的输出 key，price 作为 map 的输出 value，代码如下：

```
var mapFunc = function() {
emit(this.cust_id,this.price);
};
```

编写 reduce 函数，将相同的 map 的输出 key(cust_id)聚合起来，这里对输出的 value 进行 sum 操作，代码如下：

```
var reduceFunc = function(key,values) {
return Array.sum(values);
};
```

执行 map-reduce 任务，将 reduce 的输出结果保存在集合 map_result_result 中，代码如下：

```
db.order.mapReduce(mapFunc,reduceFunc,{out:{replace:'map_result_result'}})
```

查看当前数据库下的所有集合，会发现新建了一个 map_result_result，此集合里保存了 map-reduce 聚合后的结果：

```
>show collections
map_result_result
myColl
```

```
order
>db.map_result_result.find()
{"_id" : "1","value" : 50.0}
{"_id" : "2","value" : 25.0}
{"_id" : "3","value" : 55.0}
```

小　结

本章首先介绍了 MongoDB 的基本概念，让读者认识 MongoDB 中键值、文档、集合和数据库的概念；然后介绍了数据库和集合的创建、修改等基本操作，并重点介绍了 MongoDB 中对文档的增、删、改、查操作，还为查询操作提供了多种查询方法。

在 MongoDB 中可以创建索引，提供基于索引的查询。索引的类型也有很多种，本章提供了多种创建索引的方法。还介绍了聚合的概念，聚合操作主要用于处理数据并返回计算结果。本章主要介绍了两种聚合的方法，即聚合管道和 map-reduce 方法。

思 考 题

1. 完成 Linux 环境下的 MongoDB 的安装，并测试。

2. 创建数据库，并在数据库中分别使用显式和隐式的方法创建集合。

3. 创建一个 goods 集合，插入 10 条商品相关的数据，对部分数据的价格进行更新操作，并指定条件进行查询。

4. 索引的功能是什么？有哪些类型？

5. 聚合的作用是什么？

6. 对以下集合使用 map-reduce 方法计算 score 平均值。

```
{"_id" : 10, "author" : "dave", "score" : 80, "views" : 100 },
{ "_id" : 11, "author" : "dave", "score" : 85, "views" : 521 },
{ "_id" : 12, "author" : "ahn", "score" : 60, "views" : 1000 },
{ "_id" : 13, "author" : "li", "score" : 55, "views" : 5000 },
{ "_id" : 14, "author" : "annT", "score" : 60, "views" : 50 },
{ "_id" : 15, "author" : "li", "score" : 94, "views" : 999 },
{ "_id" : 16, "author" : "ty", "score" : 95, "views" : 1000 }
```

第6章
MongoDB 进阶

本书第 5 章的内容基本涵盖了 MongoDB 的基本知识，现在在单机环境下操作 MongoDB 已经不存在问题，但是单机环境只适合学习和开发测试，在实际的生产环境中，MongoDB 基本是以集群的方式工作的。集群的工作方式能够保证在生产遇到故障时及时恢复，保障应用程序正常地运行和数据的安全。本章重点介绍 MongoDB 的集群工作方式，以及在集群工作方式下，MongoDB 是如何使用分片和复制的机制来完成对数据的管理和恢复的。读者可以在阅读本章的同时参考 MongoDB 的官方资料，尽可能全面地了解、掌握分片和副本集的要领，并在不断地实验测试和实践中，理解其中的奥妙之处。

6.1　集群架构

在前面安装部署的 MongoDB 是单机模式，这种模式配置简单，可以快速搭建与启动，并且能够用 MongoDB 命令操作数据库，适合 MongDB 学习和简易开发，但是在使用中会存在单节点故障导致整个数据业务都无法使用的情况。所以在生产环境中一般使用集群架构来保证数据业务正常运行。

MongoDB 有三种集群部署模式，分别为主从复制（Master-Slaver）、副本集（Replica Set）和分片（Sharding）模式。Master-Slaver 是一种主从副本的模式，目前已经不推荐使用。Replica Set 模式取代了 Master-Slaver 模式，是一种互为主从的关系。Replica Set 将数据复制多份保存，不同服务器保存同一份数据，在出现故障时自动切换，实现故障转移，在实际生产中非常实用。Sharding 模式适合处理大量数据，它将数据分开存储，不同服务器保存不同的数据，所有服务器数据的总和即为整个数据集。Sharding 模式追求的是高性能，而且是三种集群中最复杂的。在实际生产环境中，通常将 Replica Set 和 Sharding 两种技术结合使用。

6.1.1　主从复制

虽然 MongoDB 官方建议用副本集替代主从复制，但是本节还是从主从复制入手，让大家了解 MongoDB 的复制机制。主从复制是 MongoDB 中最简单的数据库同步备份的集群技术，其基本的设置方式是建立一个主节点（Primary）和一个或多个从节点（Secondary），如图 6-1 所示。这种方式比单节点的可用性好很多，可用于备份、故障恢复、读扩展等。集群中的主从节点均运行 MongoDB 实例，完成数据的存储、查询与修改操作。

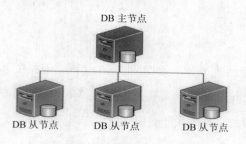

图 6-1　主从复制架构

主从复制模式的集群中只能有一个主节点，主节点提供所有的增、删、查、改服务，从节点不提供任何服务，但是可以通过设置使从节点提供查询服务，这样可以减少主节点的压力。另外，每个从节点要知道主节点的地址，主节点记录在其上的所有操作，从节点定期轮询主节点获取这些操作，然后对自己的数据副本执行这些操作，从而保证从节点的数据与主节点一致。在主从复制的集群中，当主节点出现故障时，只能人工介入，指定新的主节点，从节点不会自动升级为主节点。同时，在这段时间内，该集群架构只能处于只读状态。

6.1.2　副本集

副本集的集群架构如图 6-2 所示。此集群拥有一个主节点和多个从节点，这一点与主从复制模式类似，且主从节点所负责的工作也类似，但是副本集与主从复制的区别在于，当集群中主节点发生故障时，副本集可以自动投票，选举出新的主节点，并引导其余的从节点连接新的主节点，而且这个过程对应用是透明的。可以说，MongoDB 的副本集是自带故障转移功能的主从复制。

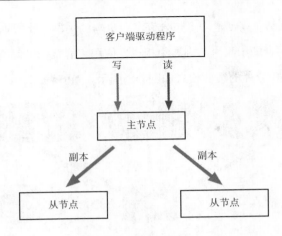

图 6-2　副本集架构

MongoDB 副本集使用的是 N 个 mongod 节点构建的具备自动容错功能、自动恢复功能的高可用方案。在副本集中，任何节点都可作为主节点，但为了维持数据一致性，只能有一个主节点。主节点负责数据的写入和更新，并在更新数据的同时，将操作信息写入名为 oplog 的日志文件当中。主节点还负责指定其他节点为从节点，并设置从节点数据的可读性，从而让从节点来分担集群读取数据的压力。另外，从节点会定时轮询读取 oplog 日志，根据日志内容同步更新自身的数据，保持与主节点一致。在一些场景中，用户还可以使用副本集来扩展读性能，客户端有能力发送读写操作给不同的服务器，也可以在不同的数据中心获取不同的副本来扩展分布式应用的能力。

在副本集中还有一个额外的仲裁节点（不需要使用专用的硬件设备），负责在主节点发生故障时，参与选举新节点作为主节点。副本集中的各节点会通过心跳信息来检测各自的健康状况，当主节点出现故障时，多个从节点会触发一次新的选举操作，并选举其中一个作为新的主节点。为了保证选举票数不同，副本集的节点数保持为奇数。

6.1.3　分片

副本集可以解决主节点发生故障导致数据丢失或不可用的问题，但遇到需要存储海量数据的情况时，副本集机制就束手无策了。副本集中的一台机器可能不足以存储数据，或者说集群不足以提供可接受的读写吞吐量。这就需要用到 MongoDB 的分片（Sharding）技术，这也是 MongoDB 的另外一种集群部署模式。

分片是指将数据拆分并分散存放在不同机器上的过程。有时也用分区来表示这个概念。将数据分散到不同的机器上，不需要功能强大的大型计算机就可以存储更多的数据，处理更大的负载。MongoDB 支持自动分片，可以使数据库架构对应用程序不可见，简化系统管理。对应用程序而言，就如同始终在使用一个单机的 MongoDB 服务器一样。

MongoDB 的分片机制允许创建一个包含许多台机器的集群，将数据子集分散在集群中，每个分片维护着一个数据集合的子集。与副本集相比，使用集群架构可以使应用程序具有更强大的数据处理能力。MongoDB 分片的集群模式如图 6-3 所示。

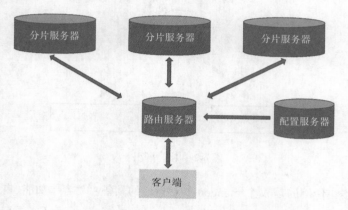

图 6-3　MongoDB 的分片架构

构建一个 MongoDB 的分片集群，需要三个重要的组件，分别是分片服务器（Shard Server）、配置服务器（Config Server）和路由服务器（Route Server）。

1. Shard Server

每个 Shard Server 都是一个 mongod 数据库实例，用于存储实际的数据块。整个数据库集合分成多个块存储在不同的 Shard Server 中。在实际生产中，一个 Shard Server 可由几台机器组成一个副本集来承担，防止因主节点单点故障导致整个系统崩溃。

2. Config Server

这是独立的一个 mongod 进程，保存集群和分片的元数据，在集群启动最开始时建立，保存各个分片包含数据的信息。

3. Route Server

这是独立的一个 mongos 进程，Route Server 在集群中可作为路由使用，客户端由此接入，让整个集群看起来像是一个单一的数据库，提供客户端应用程序和分片集群之间的接口。Route Server 本身不保存数据，启动时从 Config Server 加载集群信息到缓存中，并将客户端的请求路由给每个 Shard Server，在各 Shard Server 返回结果后进行聚合并返回客户端。

以上介绍了 MongoDB 的三种集群模式，副本集已经替代了主从复制，通过备份保证集群的可靠性，分片机制为集群提供了可扩展性，以满足海量数据的存储和分析的需求。在实际生产环境中，副本集和分片是结合起来使用的，可满足实际应用场景中高可用性和高可扩展性的需求。下一节将介绍实际生产环境中 MongoDB 集群的部署。

6.2　MongoDB 分布式集群部署

6.2.1　分布式集群架构

在实际生产环境中，MongoDB 的集群架构是分布式的，如图 6-4 所示，集群会结合副本集和分片机制保证生产过程的高可靠性和高可扩展性。

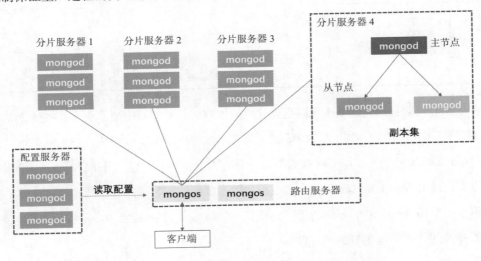

图 6-4　MongoDB 分布式集群架构

从图 6-4 的集群中可以看到，整个生产集群与分片集群的架构类似，由三个重要组件组成，包括 Shard Server、Config Server 和 Route Server。不同之处在于每个组件可以使用多个实例来保证集群的可靠性。例如，每一个 Shard Server 由一个包含三个 mongod 实例的副本集组成，避免了单一的 mongod 实例出现故障造成数据的丢失。Config Server 也可由多个 mongod 实例集群组成，保证集群中配置信息的可用性。而路由服务器也可以使用多个 mongos 实例，来保证客户端的请求能得到及时的响应。

接下来通过分布式集群的部署了解 MongoDB 的副本集和分片机制。假设目前有三台机器，操作系统为 Ubuntu 16.04，均安装了 MongoDB 3.4，信息如表 6-1 所示。在这三台机器上部署副本集和分片。

表 6-1 集群机器信息

主机名	IP	端口信息
Node1	10.90.9.101	mongod shard1：27018（rs1） mongod shard2：27019（rs2） mongod config1：27030 mongos router1：27017
Node2	10.90.9.102	mongod shard1：27018（rs1） mongod shard2：27019（rs2） mongod config1：27030 mongos router1：27017
Node3	10.90.9.103	mongod shard1：27018（rs1） mongod shard2：27019（rs2） mongod config1：27030 mongos router1：27017

副本集和分片联合部署的基本思路是先建立副本集，然后将每个副本集作为整体建立分片，如在表 6-1 中，集群有两个副本集 rs1 和 rs2，每个副本集由三个成员组成，分别部署在三台机器 Node1、Node2 和 Node3 上。每个副本集作为一个整体建立一个分片，因此，此集群由两个 Shard Server 组成，每个 Shard Server 由一个三成员的副本集来保证数据的容错和冗余。另外，在每台机器上启动一个 mongod 和 mongos 实例分别用于实现 Config Server 和 Route Server 的功能，使用三台机器备份的方式保证集群的可靠性。

6.2.2 部署副本集

标准副本集一般会部署三个成员，即一个 Primary 和两个 Secondary，实现数据的冗余和容错。以下步骤为配置表 6-1 集群中的副本集 rs1、rs2 的部署。

1. 启动副本集

（1）修改配置文件

在表 6-1 所示的集群中，副本 rs1 在三个节点上均启动了一个 mongod 实例来完成数据的存储，启动 mongod 实例前先修改配置文件/etc/mongodrs1.conf，主要是对 path、dbpath、port 这几项的修改，如下所示：

```
systemLog:
  path: /root/mongodb/data/mongodrs1.log   #副本集 rs1 的日志文件位置
storage:
  dbPath: /root/mongodb/data/rs1           #副本集 rs1 的数据库存储位置
```

```
net:
  port: 27018                                    #副本集 rs1 mongod 进程使用的端口号。
  bindIp: 10.90.9.101                            # 即本机地址，允许 mongo 客户端连接。
```

在/root/mongodb 文件夹下创建/data/rs1 目录，用来保存副本集 rs1 的数据库和日志文件。

（2）启动 mongod 副本集

在 Node1 机器上启动 mongod 进程为副本集模式，在 Shell 终端执行：

```
mongod --shardsvr --replSet rs1 --config /etc/mongodrs1.conf
```

其中，--shardsvr 表示本集群中的数据库是可分片的，--replSet 用于指定副本集名称，--config 用于指定配置文件位置。在 Node1 机器上启动副本集为 rs1 的 MongoDB 实例，如图 6-5 所示。同样地，在 Node2 和 Node3 节点上以同样的方式启动 mongod 服务，在此阶段，三台机器上的副本集成员都是 Secondary 节点，只有经过初始化才会称为 Primary 节点。

```
[root@localhost ~]# mongod --shardsvr --replSet rs1 --config /etc/mongodrs1.conf
about to fork child process, waiting until server is ready for connections.
forked process: 1015
child process started successfully, parent exiting
```

图 6-5　副本集模式启动 mongod 进程

（3）初始化副本集

启动 MongoDB 的副本集服务后，可在任意一台机器上连接 MongoDB 的服务，例如，在 Node1 节点上执行以下命令连接 Node2 节点上的 mongod 服务。

```
mongo --host 10.90.9.102 --port 27018
```

其中，--host 表示需连接的节点 IP，--port 是启动 mongod 服务的端口，端口号在/etc/mongod.conf 配置文件中配置。此命令运行后进入 mongo shell 的交互界面，如图 6-6 所示。

```
[root@localhost ~]# mongo --host 10.90.9.102 --port 27018
MongoDB shell version v3.4.17
connecting to: mongodb://10.90.9.102:27018/
MongoDB server version: 3.4.17
Server has startup warnings:
2018-10-17T06:55:36.498+0000 I CONTROL  [initandlisten]
2018-10-17T06:55:36.498+0000 I CONTROL  [initandlisten] ** WARNING: Access control is not enabled for the
database.
2018-10-17T06:55:36.498+0000 I CONTROL  [initandlisten] **          Read and write access to data and
configuration is unrestricted.
2018-10-17T06:55:36.498+0000 I CONTROL  [initandlisten]
2018-10-17T06:55:36.499+0000 I CONTROL  [initandlisten]
2018-10-17T06:55:36.499+0000 I CONTROL  [initandlisten] ** WARNING: You are running on a NUMA machine.
2018-10-17T06:55:36.499+0000 I CONTROL  [initandlisten] **          We suggest launching mongod like this to
avoid performance problems:
2018-10-17T06:55:36.499+0000 I CONTROL  [initandlisten] **              numactl --interleave=all mongod [other
options]
2018-10-17T06:55:36.499+0000 I CONTROL  [initandlisten]
2018-10-17T06:55:36.499+0000 I CONTROL  [initandlisten] ** WARNING:
/sys/kernel/mm/transparent_hugepage/defrag is 'always'.
2018-10-17T06:55:36.499+0000 I CONTROL  [initandlisten] **          We suggest setting it to 'never'
2018-10-17T06:55:36.500+0000 I CONTROL  [initandlisten]
>
```

图 6-6　mongo shell 的交互界面

然后在此界面使用 rs.initiate()对副本集进行初始化，经过初始化后，执行 rs.status()查看副本集状态，如图 6-7 所示，初始化后的 Node2 已经作为副本集 rs1 的 Primary 节点。

（4）添加成员

目前 rs1 副本集还只有 Node2 这个 Primary 节点，需要将 Node1、Node3 节点添加到副本集中，执行以下命令添加副本集成员：

```
rs.add("10.90.9.101: 27018")
rs.add("10.90.9.103: 27018")
```

至此副本集的启动配置已完成，通过 rs.stutas()命令可以看到 rs1 副本集中已经有一个 Primary 节点（10.90.9.102）和两个 Secondary 节点（10.90.9.101 和 10.90.9.103）。副本集 rs2 以同样的步骤部署即可。

```
> rs.initiate()
{
                    "info2" : "no configuration specified. Using a default configuration for the set",
                    "me" : "xenial:27018",
                    "ok" : 1
}
rs1:SECONDARY> rs.status()
{
                    "set" : "rs1",
                    "date" : ISODate("2018-10-17T07:39:08.849Z"),
                    "myState" : 1,
                    "term" : NumberLong(1),
                    "syncingTo" : "",
                    "syncSourceHost" : "",
                    "syncSourceId" : -1,
                    "heartbeatIntervalMillis" : NumberLong(2000),
                    "optimes" : {
                                      "lastCommittedOpTime" : {
                                              "ts" : Timestamp(1539761942, 1),
                                              "t" : NumberLong(1)
                                      },
                                      "appliedOpTime" : {
                                              "ts" : Timestamp(1539761942, 1),
                                              "t" : NumberLong(1)
                                      },
                                      "durableOpTime" : {
                                              "ts" : Timestamp(1539761942, 1),
                                              "t" : NumberLong(1)
                                      }
                    },
                    "members" : [
                                      {
                                              "_id" : 0,
                                              "name" : "xenial:27018",
                                              "health" : 1,
                                              "state" : 1,
                                              "stateStr" : "PRIMARY",
                                              "uptime" : 2615,
                                              "optime" : {
                                                        "ts" : Timestamp(1539761942, 1),
                                                        "t" : NumberLong(1)
                                              },
                                              "optimeDate" : ISODate("2018-10-17T07:39:02Z"),
                                              "syncingTo" : "",
                                              "syncSourceHost" : "",
                                              "syncSourceId" : -1,
                                              "infoMessage" : "could not find member to sync from",
                                              "electionTime" : Timestamp(1539761930, 2),
                                              "electionDate" : ISODate("2018-10-17T07:38:50Z"),
                                              "configVersion" : 1,
                                              "self" : true,
                                              "lastHeartbeatMessage" : ""
                                      }
                    ],
                    "ok" : 1
}
rs1:PRIMARY>
```

图 6-7　初始化后的副本集状态

2. 测试副本集复制功能

（1）在 Primary 节点上添加数据

在 Primary 节点上创建 myDB 数据库，在此数据库中创建集合 myCollection，并插入 5 个文档，如图 6-8 所示。

```
rs1:PRIMARY> use myDB
switched to db myDB
rs1:PRIMARY> db.createCollection("myColletion",{capped : true, size:6142800,
max : 10000 })
{ "ok" : 1 }
rs1:PRIMARY> show collections
[ "myColletion" ]
rs1:PRIMARY> db. myColletion.insert(
...   [
...     {item:"card",qty:15}
...     { _id:10,item:"box",qty:20}
...     { _id: 11, item: "pencil", qty: 50, type: "no.2" },
...     { item: "pen", qty: 20 },
...     { item: "eraser", qty: 25 }
...   ]
... )
BulkWriteResult({
              "writeErrors" : [ ],
              "writeConcernErrors" : [ ],
              "nInserted" : 5,
              "nUpserted" : 0,
              "nMatched" : 0,
              "nModified" : 0,
              "nRemoved" : 0,
              "upserted" : [ ]
})
rs1:PRIMARY> db. myColletion.find()
{ "_id" : ObjectId("5bc70118bfee4088dd6943b3"), "item" : "card", "qty" : 15 }
{ "_id" : 10, "item" : "box", "qty" : 20 }
{ "_id" : 11, "item" : "pencil", "qty" : 50, "type" : "no.2" }
{ "_id" : ObjectId("5bc70181bfee4088dd6943b4"), "item" : "pen", "qty" : 20 }
{ "_id" : ObjectId("5bc70181bfee4088dd6943b5"), "item" : "eraser", "qty" : 25 }
```

图 6-8　在 Primary 节点上创建数据库

（2）在 Secondary 节点上查看副本数据

使用 mongo 命令连接 Secondary 节点，Secondary 节点上的数据默认是不允许读写的，可以通过以下命令设置副本节点允许查询。

```
db.getMongo().setSlaveOk()
```

然后查询 Secondary 节点上的数据，查询结果如图 6-9 所示。

```
rs1:SECONDARY> db.myDB.find()
{ "_id" : ObjectId("5bc70118bfee4088dd6943b3"), "item" :
"card", "qty" : 15 }
{ "_id" : 10, "item" : "box", "qty" : 20 }
{ "_id" : 11, "item" : "pencil", "qty" : 50, "type" : "no.2" }
{ "_id" : ObjectId("5bc70181bfee4088dd6943b4"), "item" :
"pen", "qty" : 20 }
{ "_id" : ObjectId("5bc70181bfee4088dd6943b5"), "item" :
"eraser", "qty" : 25 }
```

图 6-9　在 Secondary 节点上查看副本

（3）管理副本集

通过 rs.config()命令可以查看副本集中每个成员的属性，如图 6-10 所示。

```
rs1:PRIMARY> rs.config()
{
                "_id" : "rs1",
                "version" : 1,
                "protocolVersion" : NumberLong(1),
                "members" : [
                                {
                                                "_id" : 0,
                                                "host" : "10.90.9.102:27020",
                                                "arbiterOnly" : false,
                                                "buildIndexes" : true,
                                                "hidden" : false,
                                                "priority" : 1,
                                                "tags" : {

                                                },
                                                "slaveDelay" : NumberLong(0),
                                                "votes" : 1
                                },
                                {
                                                "_id" : 1,
                                                "host" : "10.90.9.101:27020",
                                                "arbiterOnly" : false,
                                                "buildIndexes" : true,
                                                "hidden" : false,
                                                "priority" : 1,
                                                "tags" : {

                                                },
                                                "slaveDelay" : NumberLong(0),
                                                "votes" : 1
```

图 6-10　副本集属性

修改副本集属性可通过如下命令实现：

```
con=rs.conf()
con.members[1].priority=2
rs.reconfig(con)
```

首先定义对象 con，将副本集的配置信息赋给 con，之后将 con 成员列表中的第 2 个（编号从 0 开始）成员的优先级设为 2，最后以 con 为参数，使用 rs.reconfig() 函数对副本集属性进行重设。

在 MongoDB 中只能通过主节点将 Mongo 服务添加到副本集中，可以使用命令 db.isMaster() 判断当前运行的 Mongo 服务是否为主节点，其他副本集的操作可查看 rs.help 来了解。

6.2.3　部署分片集群

分片集群由配置服务器、路由服务器、分片服务器和客户端组成。客户端可以是 Shell 终端，也可以是具体的应用程序。配置服务器（Config Server）是普通的 mongod 服务器，保存着集群的配置信息：集群中有哪些分片、分片的是哪些集合，以及数据块的分布。分片服务器（Shard Server）存储具体的分片数据。启动集群后，路由服务器（Route Server）加载 Config Server 中的分片信息，客户端通过连接 Route Server 来获取集群中的数据信息。

1. 启动分片机制

在表 6-1 的分布式集群中，有两个分片，分别由副本集 rs1、rs2 组成。即集群中的 Shard Server 已经在 6.2.2 节中配置好，接下来需要建立 Config Server 和 Route Server。

（1）配置 Config Server

Config Server 相当于集群的大脑，保存着集群和分片的元数据，即各分片包含哪些数据的信息。鉴于它所包含数据的极端重要性，必须启用其日志功能，并确保其数据保存在非易失性驱动器上。因此，在集群中，Config Server 也通常配置成副本集模式来保证数据的可靠性。由于 mongos 需从配置服务器获取配置信息，因此配置服务器应先于任何 mongos 进程启动。配置服务器是独立的 mongod 进程，所以可以像启动"普通的"mongod 进程一样启动配置服务器：

```
mongod --replSet config --configsvr --dbpath /home/ubuntu/mongodb/data/config --port
27030 -logpath
/home/ubuntu/mongodb/data/config.log --logappend --fork
```

分别在三台机器上执行以上命令来启动配置服务器，使用--replSet config 选项，表示该实例归属于名为 config 的副本集。配置 config 副本集的过程参考 6.2.2 节。使用副本集选项实现了配置信息的冗余存储。--configsvr 选项表明启动的为 config server，端口为 27030。--dbpath 和--logpath 选项分别表示数据存储路径和日志文件路径。

配置服务器并不需要太多的空间和资源。配置服务器的 1KB 空间约等于 200MB 真实数据，它保存的只是数据的分布表。由于配置服务器并不需要太多的资源，因此可将其部署在运行着其他程序的机器上，如应用服务器、分片的 mongod 服务器或 mongos 进程的服务器上。

（2）配置 Route Server

三个配置服务器均处于运行状态后，启动一个 mongos 进程供应用程序连接。因为 mongos 进程需要知道配置服务器的地址，所以必须使用--configdb 选项启动 mongos：

```
mongos    --configdb    config/10.90.9.101:27030,10.90.9.102:27030,10.90.9.103:27030
-logpath
/home/ubuntu/mongodb/data/mongos.log --logappend --fork
```

在默认情况下，mongos 运行在 27017 端口。注意，并不需要指定数据目录（mongos 自身并不保存数据，它会在启动时从配置服务器加载集群数据）。确保正确设置了 logpath，以便将 mongos 日志保存到安全的地方。

可启动任意数量的 mongos 进程，通常的设置是每个应用程序服务器使用一个 mongos 进程（与应用服务器运行在同一台机器上）。每个 mongos 进程必须按照列表顺序，使用相同的配置服务器列表，如--configdb 后面输入的是一个带有三个服务器列表的 config 的副本集的名称。

至此，分布式集群中的分片服务已经启动完毕，接下来进行分片服务器的设置和数据的分片存储。

2. 测试分片机制

（1）添加分片

为了将副本集转换为分片，需告知 mongos 副本集名称和副本集成员列表。例如，在 Node1、Node2 和 Node3 上有一个名为 rs1 和 rs2 的副本集，将每个副本集作为一个分片。首先执行以下命令连接 mongos：

```
mongo --host 10.90.9.101--port 27017
```

然后进入 mongos 的 Shell 界面，执行下面两条命令，将两个副本集 rs1 和 rs2 加入分片集中：

```
db.runCommand( { addshard:"rs1/10.90.9.102:27020,10.90.9.101:27020,10.90.9.103:270
20",name:"s1
",maxsize:10240});
db.runCommand( { addshard:"rs2/10.90.9.102:27021,10.90.9.101:27021,10.90.9.103:270
21",name:"s2",maxsize:10240});
```

可在参数中指定副本集的所有成员，但并非一定要这样做。mongos 能够自动检测到没有包含在副本集成员表中的成员。name 选项表示此分片的名称，maxsize 选项指定此分片的最大存储容量。

如果之后需要移除这个分片或是向这个分片迁移数据，可使用分片名称标识这个分片。这比使用特定的服务器名称要好，因为副本集成员和状态是不断改变的。

将副本集作为分片添加到集群后，就可以将应用程序设置从连接到副本集改为连接到 mongos。添加分片后，mongos 会将副本集内的所有数据库注册为分片的数据库，因此，所有查询都会被发送到新的分片上。与客户端库相同，mongos 会自动处理应用故障，将错误返回客户端。

用户也可以创建单 mongod 服务器的分片（而不是副本集分片），但不建议在生产中使用。直接在 addShard() 中指定单个 mongod 的主机名和端口，就可以将其添加为分片了：

```
sh.addShard("some-server:port")
```

单一服务器分片默认会被命名为 shard0000、shard0001……以此类推。如打算以后切换为副本集，应先创建一个单成员副本集再添加为分片，而不是直接将单一服务器添加为分片。如需将单一服务器分片转换为副本集，则需停机进行操作。

（2）数据分片

除非明确指定规则，否则 MongoDB 不会自动对数据进行拆分。如有必要，必须明确告知数据库和集合。

假设希望对 myDB 数据库中的 Mytest 集合按照_id 键进行分片。首先对 myDB 数据库执行以下命令启用分片：

```
sh.enableSharding("myDB")
```

命令执行成功后，用 sh.status() 查询分片状态，如图 6-11 所示，数据库 myDB 的 patitioned 属性值为 true。

```
sh.enableSharding("myDB")
{ "ok" : 1 }
mongos> sh.status()
--- Sharding Status ---
  sharding version: {
                    "_id" : 1,
                    "minCompatibleVersion" : 5,
                    "currentVersion" : 6,
                    "clusterId" : ObjectId("5bc756a1eb2931fef013be26")
  }
  shards:
        {  "_id" : "s1",  "host" : "rs1/10.90.9.101:27020,10.90.9.102:27020,10.90.9.103:27020", "state" : 1 }
        {  "_id" : "s2",  "host" : "rs2/10.90.9.101:27021,10.90.9.102:27021,10.90.9.103:27021", "state" : 1 }
  active mongoses:
        "3.4.17" : 1
  autosplit:
        Currently enabled: yes
  balancer:
        Currently enabled:  yes
        Currently running:  no
NaN
        Failed balancer rounds in last 5 attempts: 0
        Migration Results for the last 24 hours:
                No recent migrations
  databases:
        {  "_id" : "myDB",  "primary" : "s1",  "partitioned" : true }
        {  "_id" : "test",  "primary" : "s1",  "partitioned" : false }
```

图 6-11　数据库启用分片

对数据库分片是对集合分片的先决条件。数据库启用分片后，就可以使用如下 shardCollection() 命令对集合进行分片了：

```
sh.shardCollection("myDB.myColletion", {"_id" : 1})
```

现在，集合会按照_id 键进行分片。如果是对已存在的集合进行分片，则_id 键上必须包含索引，否则 shardCollection() 会返回错误。如果出现了错误，则先创建索引，然后重试 shardCollection() 命令。如要进行分片的集合不存在，则 mongos 会自动在片键上创建索引。

shardCollection()命令会将集合拆分为多个数据块，这是 MongoDB 迁移数据的基本单元。成功执行分片操作后，MongoDB 会均衡地将集合数据分散到集群的分片上。这个过程不是瞬间完成的，对于比较大的集合，可能需要花费几个小时才能完成。

6.3　MongoDB 编程方法

除了通过启动 mongo 进程进入 Shell 环境访问数据库外，MongoDB 还提供了其他基于编程语言的访问数据库方法。MongoDB 官方提供了 Java 和 Python 语言的驱动包，利用这些驱动包可使用多种编程方法来连接并操作 MongoDB 数据库。

6.3.1　通过 Java 访问 MongoDB

本小节将介绍如何设置和使用 MongoDB JDBC 驱动程序，通过 JDBC 实现与 MongoDB 服务端的通信功能，用户可以在此基础上进行各种 Java 程序的开发。

1. 安装 Java 语言驱动包

（1）Maven 方式

推荐使用 Maven 的方式管理 MongoDB 的相关依赖包，Maven 项目中只需导入如下 pom 依赖包即可：

```xml
<dependency>
    <groupId>org.mongodb</groupId>
    <artifactId>mongodb-driver</artifactId>
    <version>3.4</version>
</dependency>
<dependency>
    <groupId>org.mongodb</groupId>
    <artifactId>bson</artifactId>
    <version>3.4</version>
</dependency>
<dependency>
    <groupId>org.mongodb</groupId>
    <artifactId>mongodb-driver-core</artifactId>
    <version>3.4</version>
</dependency>
```

（2）手动导入

如果手动下载 mongodb-driver，还必须下载其依赖项 bson 和 mongodb-driver-core。在这里需要注意的是，这三个安装包需要配合使用，并且版本必须一致，否则运行时会报错。

首先安装 MongoDB，本书实例为 MongoDB 3.4.2 版本；然后安装 Java 开发工具，本书采用 Eclipse 开发工具。通过 Github 网站下载驱动包，分别为 mongodb-driver-3.4.2.jar、mongodb-driver-core-3.4.2.jar、bson-3.4.2.jar。用 Eclipse 创建项目，然后导入需要的包，就可以在 Eclipse 中用代码实现 MongoDB 的简易连接。

2. 编程实现

（1）import 基础类库

若要完成 MongoDB 的增、删、改、查等操作，则需要导入很多类库。这里介绍可能会用到的类库，如连接数据库和建立客户端的类库、数据库集合和文件操作的类库等。

```
import com.mongodb.MongoClient;
import com.mongodb.client.MongoDatabase;
import com.mongodb.client.MongoCollection;
```

可以根据编程需要添加必要的类库。

（2）连接数据库

若要连接数据库，则需要指定数据库名称。如果数据库不存在，则 MongoDB 会自动创建数据库。如下代码实现了简易的数据库连接：

```
public class App {
    public static void main(String[] args) {
        try {
            //连接 MongoDB 服务器，端口号为 27017
            MongoClient mongoClient = new MongoClient("localhost", 27017);
            //连接数据库
            MongoDatabase mDatabase = mongoClient.getDatabase("test");  //test 可选
            System.out.println("Connect to database successfully!");
            System.out.println("MongoDatabase inof is : "+mDatabase.getName());
        } catch (Exception e) {
            System.err.println(
                e.getClass().getName() + ": " + e.getMessage());
        }
    }
}
```

（3）切换至集合

连接至具体数据库以后，使用以下代码切换到集合，如果集合不存在，则使用如下代码新建集合：

```
MongoCollection collection = database.getCollection("myTestCollection");
```

（4）插入文档

切换至集合后，就可以进行文档的增、删、改、查操作。首先定义文档，并使用 append()方法追加内容，代码如下：

```
Document document = new Document("_id", 1999)
                    .append("title", "MongoDB Insert Demo")
                    .append("description","database")
                    .append("likes", 30)
                    .append("by", "demo point")
```

```
                              .append("url", "http://www.demo.com/mongodb/");
```

document 为 BSON 类型的文档，实际上为一个列表，每项有两个元素，即字段名和值。文档定义完成后，再使用 insertOne 方法将此文档插入集合：

```
collection.insertOne(document);
```

如果插入多条数据，需要先定义一个 Document 列表，然后用 add()方法添加多个 Document 元素，最后用 insertMany()方法插入，代码如下：

```
List<Document> documents = new ArrayList<Document>();
documents.add(document1);
collection.insertMany(documents);
```

（5）删除文档

使用 delete()方法删除一个或多个文档，代码如下：

```
collection.deleteOne(document);
collection.deleteMany(new Document ("likes", 30));
```

（6）更新数据

使用 updataOne()方法更新一条数据或多个数据，代码如下：

```
collection.updataOne(eq ("likes", 30), new Document ("$set", new Document ("likes",
50)));
```

updateOne()方法中有两个参数，第一个参数表示更新的内容等于("likes", 30)的文档，第二个参数为要修改的内容，使用$set 参数修改当前值，修改的内容为("likes", 50)。

（7）查询数据

利用游标类型实现数据的查询和遍历显示，使用游标前需要 import MongoCursor 类库。

```
import com.mongodb.client.MongoCursor
document Doc = (Document) collection.find(eq ("likes", 30)).iterator();
    MongoCursor<Document> cursor =collection.find().iterator();
    try {
        while (cursor.hasNext()) {
            System.out.println(cursor.next().toJson());
        }
    } finally {
        Cursor.close();
    }
```

设置 find()方法的参数为查询条件，参数为比较的 Document 元素。

（8）其他方法

删除数据库或集合，代码如下：

```
mDatabase.drop();

collection.drop();
```

关闭客户端连接，代码如下：

```
mongoClient.close();
```

6.3.2　通过 Python 访问 MongoDB

通过 Python 3.x 访问 MongoDB，需要借助开源驱动库 pymongo（由 MongoDB 官方提供）。pymongo 驱动程序可以直接连接 MongdoDB 数据库，然后对数据库进行操作。安装 pymongo 驱动可使用 pip 方式：

```
pip install pymongo
```

1．建立连接

（1）模块引用

Python 驱动库连接 MongoDB 比较简单，而且同时支持自动的故障修复，即连接时出现故障会自动重新连接。在 Python 脚本中连接 MongoDB 首先要导入需要的 pymongo 库：

```
import pymongo
```

然后使用 MongoClient 对象创建与数据库服务器的连接：

```
Client = MongoClient(host='10.90.9.101',port=27017)
```

使用上面的代码片段，通过指定 host 和 port 连接到表 6-1 所示集群中的路由服务器。当然也可连接具体的 mongod 服务器或副本集：

```
Client=MongoClient(host='10.90.9.102',port=27018)
Client=MongoClient(host='10.90.9.101: 27018, 10.90.9.102: 27018,
10.90.9.103: 27018')
```

（2）访问数据库

创建 MongoClient 实例后，就可以访问服务器中的任何数据。如果要访问一个数据库，可以将其当作属性一样进行访问：

```
db = client.myDB
```

也可以使用函数方式访问，如果不存在数据库，则系统会自动创建数据库：

```
db = conn.get_database("myDB")
```

2．集合操作

（1）插入文档

在数据库中存储数据时，首先指定使用的集合，然后使用集合的 insert_one()方法插入文档，如下代码定义了 post_data 的 JSON 文档：

```
coll = db.get_collection("myCollection")
post_data = {
    '_id': '10',
    'item' : 'book1',
    'qty': 18}
result = coll.insert_one(post_data)
```

可以使用 insert_one()同时插入多个文档，将多个文档添加到数据库中，还可以使用方法 insert_many()。此方法的参数可以是如下的 list 列表：

```
post_1 = {
    '_id': '11',
    'item' : 'book1',
    'qty': 18
}
post_2 = {
    '_id': '12',
    'item' : 'book1',
    'qty': 18
}
post_3 = {
    '_id': '13',
    'item' : 'book1',
    'qty': 18
}
new_result = coll.insert_many([post_1,post_2,post_3])
```

（2）检索文档

检索文档可以使用 find_one()方法，例如，可使用如下语句找到 item 为 book 的记录：

```
find_post = coll.find_one({'item' : 'book'})
```

如果需要查询多条记录，则可以使用 find()方法，代码如下：

```
find_posts = coll.find({'item' : 'book1'})
```

（3）更新数据

可以使用 update()方法更新数据，只需指定更新的条件和更新后的数据即可：

```
condition = {'item': 'book'}
pty{'$set':{'pty':22}}
result = col.update(condition, pty)
```

（4）删除数据

删除操作比较简单，直接调用 remove()方法指定删除的条件即可，符合条件的所有数据均会被删除，代码如下：

```
result = coll.remove({'item': 'book'})
```

另外，还可以使用 delete_one()和 delete_many()方法，示例如下：

```
result = coll.delete_one({'item': 'book'})
result = collection.delete_many({'item': book1})
```

6.3.3　MongoDB 的可视化工具 Robomongo

Robomongo 是一个界面友好且免费的 MongoDB 可视化工具，读者可在 Robomongo 官网下载此软件，其安装过程十分简单，安装好的界面如图 6-12 所示。

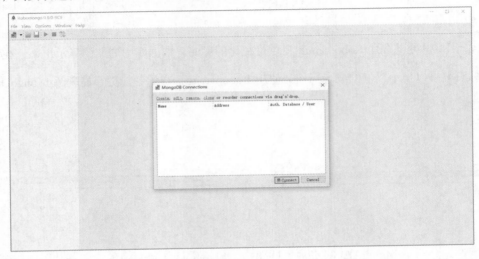

图 6-12　MongoDB 的可视化工具 Robomongo

在 MongoDB Connections 窗口单击鼠标右键添加 MongoDB 数据库，设置如图 6-13 所示。

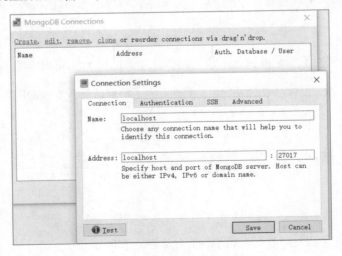

图 6-13　Robomongo 连接 MongoDB

连接成功后，MongoDB 中所有数据库以及集合均显示在左侧导航栏，如图 6-14 所示。

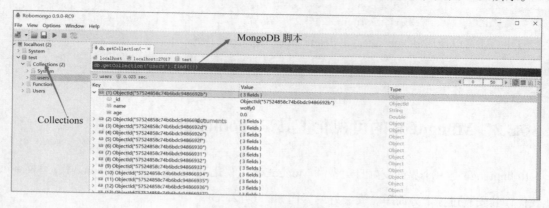

图 6-14　MongoDB 数据库展示

从图 6-14 中可以看到 Robomango 提供可视化的界面将数据库中的文档显示出来，在集合上单击鼠标右键可以显示提供的集合操作。使用 Robomango，初学者能更容易理解 MongoDB 数据库的概念。

小　结

本章首先介绍了 MongoDB 的三种集群架构（包括主从复制、副本集和分片）。在实际应用中，通常将副本集和分片模式结合使用，从而保证集群的高可靠性和高可用性。

然后通过案例对副本集和分片集群的部署过程进行了详细介绍，并提供了测试副本集和分片的方法。

最后介绍了如何使用 Java 和 Python 语言编程连接和操作 MongoDB。本章末尾简单介绍了一个 MongoDB 的可视化工具，可以帮助初学者进一步了解和认识 MongoDB 数据库。

思　考　题

1. MongoDB 的主从复制和副本集架构有什么联系和区别？

2．MongoDB 的分片原理是怎样的？请尝试手动部署一个分片集群。

3．MongoDB 的 Java 编程需要哪些类库？这些类库提供什么操作？

4．编写一个 Python 程序，完成 MongoDB 数据库的连接，文档的创建、修改和查询。

第7章
其他非关系型数据库简介

本章主要介绍内存数据库 Memcached、Redis 和图形数据库 Neo4j，已具备这些知识的读者可有选择地学习本章的相关内容。

本章的重点内容如下。

（1）内存数据库。

（2）图形数据库。

7.1 内存数据库简介

内存数据库主要是把磁盘的数据加载到内存中进行相应操作。与直接读取磁盘数据相比，内存的数据读取速度要高出几个数量级，因此，将数据保存在内存中能够极大地提高应用的性能。

内存数据库改变了磁盘数据管理的传统方式，基于全部数据都在内存中的特点重新设计了体系结构，并且在数据缓存、快速算法、并行操作方面也进行了相应的升级，因此，其数据处理速度一般比传统数据库的数据处理速度快几十倍。内存数据库的最大特点是其应用数据常驻内存中，即活动事务只与实时内存数据库的内存进行数据交流。

常见的内存数据库有 Memcached、Redis、SQLite、Microsoft SQL Server Compact 等。

7.1.1 Memcached 简介

Memcached 是 LiveJournal 旗下 Danga Interactive 公司的布拉德·菲茨帕特里克（Brad

Fitzpatric）开发的一款软件，现在已被应用于 Facebook、LiveJournal 等公司用于提高 Web 服务质量。目前这款软件流行于全球各地，经常被用来建立缓存项目，并以此分担来自传统数据库的并发负载压力。

Memcached 可以轻松应对大量同时出现的数据请求，而且它拥有独特的网络结构，在工作机制方面，它还可以在内存中单独开辟新的空间，建立 HashTable，并对 HashTable 进行有效的管理。

我们有时会见到 Memcache 和 Memcached 两种不同的说法，为什么会有两种名称？

其实 Memcache 是这个项目的名称，而 Memcached 是它服务器端的主程序文件名。一个是项目名称，另一个是主程序文件名。

1. 为什么要使用 Memcached

由于网站的高并发读写和对海量数据的处理需求，传统的关系型数据库开始出现瓶颈。

（1）对数据库的高并发读写

关系型数据库本身就是个庞然大物，处理过程非常耗时（如解析 SQL 语句、事务处理等）。如果对关系型数据库进行高并发读写（每秒上万次的访问），数据库系统是无法承受的。

（2）对海量数据的处理

对于大型的 SNS 网站（如 Twitter、新浪微博），每天有上千万条的数据产生。对关系型数据库而言，如果在一个有上亿条数据的数据表中查找某条记录，效率将非常低。

使用 Memcached 就能很好地解决以上问题。

多数 Web 应用都将数据保存到关系型数据库中（如 MySQL），Web 服务器从中读取数据并在浏览器中显示。但随着数据量的增大，访问的集中，关系型数据库的负担就会加重，出现响应缓慢、网站打开延迟时间长等问题。因此，使用 Memcached 的主要目的是通过自身内存中缓存关系型数据库的查询结果，减少数据库自身被访问的次数，以提高动态 Web 应用的速度，增强网站架构的并发能力和可扩展性。

通过在事先规划好的系统内存空间中临时缓存数据库中的各类数据，以达到减少前端业务服务对关系型数据库的直接高并发访问，从而达到提升大规模网站集群中动态服务的并发访问能力。

Web 服务器读取数据时先读 Memcached 服务器，若 Memcached 没有所需的数据，则向数据库请求数据，然后 Web 再把请求到的数据发送到 Memcached，如图 7-1 所示。

2. Memcached 的特征

Memcached 作为高速运行的分布式缓存服务器，具有以下特点。

（1）协议简单

Memcached 的服务器客户端通信并不使用复杂的.xml 等格式，而是使用简单的基于文本行的协议。

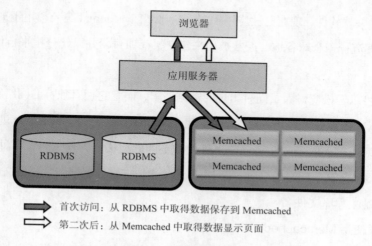

首次访问：从 RDBMS 中取得数据保存到 Memcached

第二次后：从 Memcached 中取得数据显示页面

图 7-1　一般情况下的 Memcached 的用途

因此，通过 telnet 也能在 Memcached 上保存数据、取得数据。以下为示例代码：

```
$ telnet localhost 11211
Trying 127.0.0.1...
Connected to localhost.localdomain(127.0.0.1).
Escape character is '^]'.
set foo 0 0 3       (保存命令)
bar                 (数据)
STORED              (结果)
get foo             (取得命令)
VALUE foo 0 3       (数据)
bar                 (数据)
```

（2）基于 libevent 的事件处理

libevent 是个程序库，它将 Linux 的 epoll、BSD 类操作系统的 kqueue 等事件处理功能封装成统一的接口，即使对服务器的连接数增加，也能发挥 O(1)的性能。Memcached 使用这个 libevent 库，因此可以在 Linux、BSD、Solaris 等操作系统上发挥其高性能。

（3）内置内存存储方式

为了提高性能，Memcached 中保存的数据都存储在 Memcached 内置的内存存储空间中。由于数据仅存在于内存中，所以重启 Memcached 或操作系统都会导致全部数据消失。另外，内存容量达到指定值之后，就会基于 LRU（Least Recently Used）算法自动删除不使用的缓存。Memcached 本身是为缓存而设计的服务器，因此并没有过多考虑数据的永久性问题。

（4）不互相通信的分布式

Memcached 尽管是"分布式"缓存服务器，但服务器端并没有分布式功能。各个 Memcached

不会互相通信以共享信息。那么，如何配置分布式呢？这完全取决于客户端的实现。图 7-2 所示为 Memcached 的分布式。

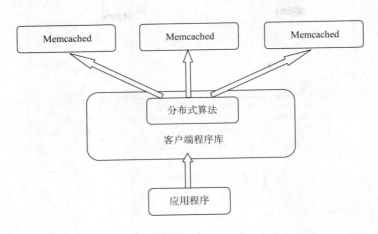

图 7-2　Memcached 的分布式

3. Memcached 的内存存储

（1）Slab Allocation 机制：整理内存以便重复使用

在默认情况下 Memcached 采用了名为 Slab Allocator 的机制分配、管理内存。在该机制出现以前，内存的分配是通过对所有记录简单地进行 malloc 和 free 来进行的。但是，这种方式会导致内存碎片的产生，加重操作系统内存管理器的负担，在最坏的情况下，甚至会导致操作系统比 Memcached 进程本身还慢。Slab Allocator 就是为解决该问题而诞生的。

Slab Allocator 的基本原理是按照预先规定的大小，将分配的内存分割成特定长度的块，以完全解决内存碎片问题。

Slab Allocation 的原理很简单，就是将分配的内存分割成各种尺寸的块（Chunk），并把尺寸相同的块分成组（块的集合）（见图 7-3）。

而且，Slab Allocator 还有重复使用已分配的内存的目的。也就是说，分配到的内存不会释放，而是重复利用。

Slab Allocation 的主要术语如下。

① Page：分配给 Slab 的内存空间，默认是 1MB。分配给 Slab 之后根据 Slab 的大小拆分成 Chunk。

② Chunk：用于缓存记录的内存空间。

③ Slab Class：特定大小的 Chunk 的组。

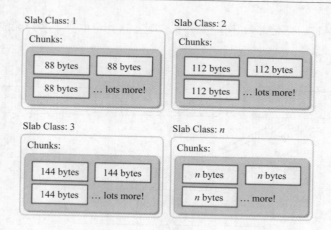

图 7-3　Slab Allocation 的构造图

（2）在 Slab 中缓存记录的原理

下面介绍 Memcached 如何针对客户端发送的数据选择 Slab 并缓存到 Chunk 中。

Memcached 根据收到的数据的大小，选择最适合数据大小的 Slab（见图 7-4）。Memcached 中保存着 Slab 内空闲 Chunk 的列表，根据该列表选择 Chunk，然后将数据缓存于其中。

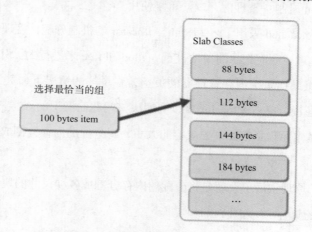

图 7-4　选择存储记录的组的方法

（3）Slab Allocator 的缺点

实际上，Slab Allocator 也是有利有弊的。下面介绍它的缺点。

Slab Allocator 解决了内存碎片方面的问题，但新的机制也给 Memcached 带来了新的问题。

这个问题就是，由于分配的是特定长度的内存，因此无法有效利用分配的内存。例如，将 100 字节的数据缓存到 128 字节的 Chunk 中，剩余的 28 字节就浪费了（见图 7-5）。

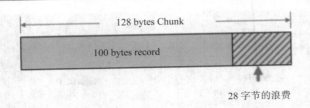

图 7-5　Chunk 空间的使用

该问题目前还没有完美的解决方案，官方文档提供了比较有效的解决方案：如果预先知道客户端发送的数据大小，或者在仅缓存大小相同的数据的情况下，只要使用适合数据大小的组的列表，就可以减少浪费。

虽然目前的版本还无法进行调优，但是可以调节 Slab Class 的大小来减少差别。

（4）使用 Growth Factor 选项进行调优

Memcached 在启动时指定 Growth Factor 因子（通过-f 选项），就可以在某种程度上控制 Slab 之间的差异。默认值为 1.25。但是，在该选项出现之前，这个因子曾经固定为 2，称为"powers of 2"策略。

使用以前的设置，以 verbose 模式启动 Memcached：

```
$ memcached -f 2 -vv
```

图 7-6 是启动后的 verbose 输出。

```
slab class  1: chunk size    128 perslab 8192
slab class  2: chunk size    256 perslab 4096
slab class  3: chunk size    512 perslab 2048
slab class  4: chunk size   1024 perslab 1024
slab class  5: chunk size   2048 perslab  512
slab class  6: chunk size   4096 perslab  256
slab class  7: chunk size   8192 perslab  128
slab class  8: chunk size  16384 perslab   64
slab class  9: chunk size  32768 perslab   32
slab class 10: chunk size  65536 perslab   16
slab class 11: chunk size 131072 perslab    8
slab class 12: chunk size 262144 perslab    4
slab class 13: chunk size 524288 perslab    2
```

图 7-6　verbose 模式输出 1

可见，从 128 字节的组开始，组的大小依次增大为原来的 2 倍。这样设置的问题是，Slab 之间的差别比较大，在有些情况下内存浪费严重。因此，为尽量减少内存浪费，后来就追加了 Growth Factor 这个选项。

图 7-7 是默认设置（f=1.25）时的输出。

可见，组间差距比因子为 2 时小得多，更适合缓存几百字节长度的记录。从上面的输出结果来看，可能会有些计算误差，这些误差是为了使字节数对齐而故意设置的。

```
slab class  1: chunk size   88 perslab 11915
slab class  2: chunk size  112 perslab  9362
slab class  3: chunk size  144 perslab  7281
slab class  4: chunk size  184 perslab  5698
slab class  5: chunk size  232 perslab  4519
slab class  6: chunk size  296 perslab  3542
slab class  7: chunk size  376 perslab  2788
slab class  8: chunk size  472 perslab  2221
slab class  9: chunk size  592 perslab  1771
slab class 10: chunk size  744 perslab  1409
```

图 7-7　verbose 模式输出 2

将 Memcached 引入产品，或是直接使用默认值进行部署时，最好是重新计算数据的预期平均长度，调整 Growth Factor，以获得最恰当的设置。

（5）查看 Memcached 的内部状态

Memcached 中包含 stats 命令，使用它可以获得各种各样的信息。执行命令的方法很多，用 telnet 最简单：

```
$ telnet 主机名 端口号
```

连接 Memcached 之后，输入 stats 再按回车键，即可获得包括资源利用率在内的各种信息；输入 "stats slabs" 或 "stats items" 可以获得关于缓存记录的信息；输入 "quit" 结束程序，如图 7-8 所示。

这些命令的详细信息可以参考 Memcached 软件包内的 protocol.txt 文档。

```
$ telnet localhost 11211
Trying ::1...
Connected to localhost.
Escape character is '^]'.
stats
STAT pid 481
STAT uptime 16574
STAT time 1213687612
STAT version 1.2.5
STAT pointer_size 32
STAT rusage_user 0.102297
STAT rusage_system 0.214317
STAT curr_items 0
STAT total_items 0
STAT bytes 0
STAT curr_connections 6
STAT total_connections 8
STAT connection_structures 7
STAT cmd_get 0
STAT cmd_set 0
STAT get_hits 0
STAT get_misses 0
STAT evictions 0
STAT bytes_read 20
STAT bytes_written 465
STAT limit_maxbytes 67108864
STAT threads 4
END
quit
```

图 7-8　Memcached 的 stats 命令信息

另外，如果安装了 libmemcached 这个面向 C/C++语言的客户端库，就会安装 memstat 这个命令。使用方法很简单，可以用更少的步骤获得与 telnet 相同的信息，还能一次性从多台服务器获得信息。

```
$ memstat -servers=server1,server2,server3,...
```

（6）查看 Slab 的使用状况

使用 Memcached 的创造者布拉德（Brad）写的名为 memcached-tool 的 Perl 脚本，可以方便地获得 Slab 的使用情况，它将 Memcached 的返回值整理成易于阅读的格式，使用方法也极其简单：

```
$ memcached-tool 主机名：端口 选项
```

查看 Slab 使用状况时无须指定选项，因此使用下面的命令即可：

```
$ memcached-tool 主机名：端口
```

获取的信息如图 7-9 所示。

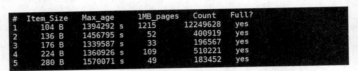

图 7-9　memcached-tool 获取的信息

各列的含义如表 7-1 所示。

表 7-1　memcached-tool 的参数含义

列	含义
#	Slab Class 编号
Item_Size	Chunk 大小
Max_age	LRU 内最旧的记录的生存时间
1MB_pages	分配给 Slab 的页数
Count	Slab 内的记录数
Full?	Slab 内是否含有空闲 Chunk

从这个脚本获得的信息可极大地方便用户的调优。

4. Memcached 的分布式

前面多次使用了"分布式"这个词，但并未做详细解释。现在简单地介绍其原理，它在各个客户端的实现基本相同。

假设 Memcached 服务器有 node1、node2 和 node3 三台，应用程序要保存键名为"tokyo""kanagawa""chiba""saitama""gunma"的数据，如图 7-10 所示。

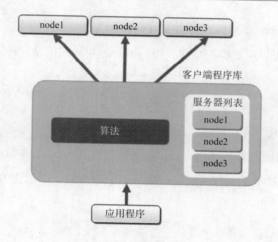

图 7-10 分布式：准备

首先向 Memcached 中添加 "tokyo"。将 "tokyo" 传给客户端程序库后，客户端就会根据 "键" 来决定保存数据的 Memcached 服务器。选定服务器后，即可命令它保存 "tokyo" 及其值（见图 7-11）。

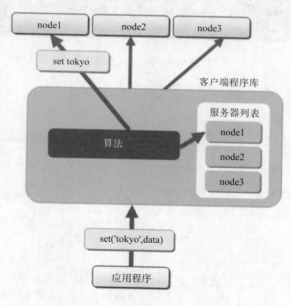

图 7-11 分布式：添加时

同样地，"kanagawa" "chiba" "saitama" "gunma" 等数据的处理都是先选择服务器再保存。

接下来获取保存的数据。获取时也要将要获取的键 "tokyo" 传递给函数库，函数库通过与数据保存时相同的算法，根据 "键" 选择服务器。使用的算法相同，就能选中与保存时相同的服务器，然后发送 get 命令。只要数据没有因为某些原因被删除，就能获得保存的值（见图 7-12）。

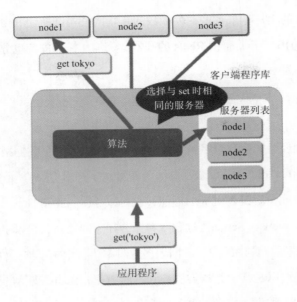

图 7-12　分布式：获取时

这样，将不同的键保存到不同的服务器上，就实现了 Memcached 的分布式配置。Memcached 服务器增多后，键就会分散，即使一台 Memcached 服务器发生故障无法连接，也不会影响其他的缓存，系统依然能继续运行。

7.1.2　Redis 简介

Redis 是一个开源的高性能键值对数据库。它通过提供多种键值数据类型来满足不同场景下的存储需求，并借助许多高层级的接口使其可以胜任如缓存、队列系统等不同的角色。

本小节将介绍 Redis 的历史和特性，以使读者能够快速地对 Redis 有一个全面的了解。

1．历史与发展

2008 年，意大利的一家创业公司 Merzia 推出了一款基于 MySQL 的网站实时统计系统——LLOOGG，然而没过多久，该公司的创始人萨尔瓦托·桑菲利普（Salvatore Sanfilippo）便对这个系统的性能感到失望，于是他决定亲自为 LLOOGG 量身定做一个数据库，并于 2009 年开发完成，这个数据库就是 Redis。不过萨尔瓦托并不满足只将 Redis 用于 LLOOGG 这一款产品，而是希望让更多的人使用它，于是萨尔瓦托将 Redis 开源发布，并开始和 Redis 的另一名主要的代码贡献者皮特·诺德胡斯（Pieter Noordhuis）一起继续着 Redis 的开发，直到今天。

萨尔瓦托自己也没有想到，在短短的几年时间内，Redis 就拥有了庞大的用户群体。Hacker News 在 2012 年发布了一份数据库的使用情况调查，结果显示有近 12%的公司在使用 Redis。国内如新浪微博和知乎，国外如 GitHub、Stack Overflow、Flickr、暴雪和 Instagram，都是 Redis 的用户。现在使用 Redis 的用户越来越多，大多数的互联网公司都使用 Redis 作为公共缓存。

VMware 公司从 2010 年开始赞助 Redis 的开发，萨尔瓦托和皮特也分别于同年的 3 月和 5 月加入 VMware，全职开发 Redis。

2. 特性

（1）存储结构

有过脚本语言编程经验的读者对字典（或称映射、关联数组）数据结构一定很熟悉，如在代码 dict["key"]="value"中，"dict" 是一个字典结构变量，字符串 "key" 是键名，而 "value" 是键值，在字典中可以获取或设置键名对应的键值，也可以删除一个键。

Redis 是 Remote Dictionary Server（远程字典服务器）的缩写，它以字典结构存储数据，并允许其他应用通过 TCP 读写字典中的内容。同大多数脚本语言中的字典一样，Redis 字典中的键值除了可以是字符串，还可以是其他数据类型。到目前为止，Redis 支持的键值数据类型有：字符串类型、散列类型、列表类型、集合类型和有序集合类型。

这种字典形式的存储结构与常见的 MySQL 等关系数据库的二维表形式的存储结构有很大的差异。举个例子，在程序中使用 post 变量存储了一篇文章的数据（包括标题、正文、阅读量和标签），如下所示：

```
post["title"]="Hello World!"
post["content"]="Blablabla..."
post["views"]=0
post["tags"]=["PHP","Ruby","Node.js"]
```

现在希望将这篇文章的数据存储在数据库中，并且要求可以通过标签检索出文章。如果使用关系数据库存储，一般会将其中的标题、正文和阅读量存储在一个表中，而将标签存储在另一个表中，然后使用第三个表连接文章和标签表。需要查询时还需要连接三个表，不是很直观。而 Redis 字典结构的存储方式和对多种键值数据类型的支持使得开发者可以将程序中的数据直接映射到 Redis 中，数据在 Redis 中的存储形式和其在程序中的存储方式非常相似。使用 Redis 的另一个优势是其对不同的数据类型提供了非常方便的操作方式，如使用集合类型存储文章标签，Redis 可以对标签进行如交集、并集等集合运算操作。

（2）内存存储与持久化

Redis 数据库中的所有数据都存储在内存中。由于内存的读写速度远高于硬盘，因此 Redis 在性能上与其他基于硬盘存储的数据库相比有非常明显的优势。在一台普通的笔记本电脑上，Redis 可以在一秒内读写超过 10 万个键值。

将数据存储在内存中也有问题，例如，程序退出后内存中的数据会丢失。不过 Redis 提供了对持久化的支持，即可以将内存中的数据异步写入硬盘中，同时不影响其继续提供服务。

（3）功能丰富

Redis 虽然是作为数据库开发的，但由于其提供了丰富的功能，越来越多的人将其用作缓存、队列系统等。Redis 可谓是名副其实的多面手。

Redis 可以为每个键设置生存时间（Time To Live，TTL），生存时间到期后键会自动被删除。这一功能配合出色的性能让 Redis 可以作为缓存系统来使用，而且由于 Redis 支持持久化和丰富的数据类型，使其成为另一个非常流行的缓存系统 Memcached 的有力竞争者。

讨论 Redis 和 Memcached 的优劣一直是一个热门的话题。由于 Redis 是单线程模型，而 Memcached 支持多线程，所以在多核服务器上后者的性能更高一些。然而，前面已经介绍过，Redis 的性能已经足够优异，在绝大部分场合下其性能都不会成为瓶颈。所以在使用时更应该关心的是二者在功能上的区别，如果需要用到高级的数据类型或持久化等功能，Redis 将会是 Memcached 很好的替代品。

作为缓存系统，Redis 还可以限定数据占用的最大内存空间，在数据达到空间限制后可以按照一定的规则自动淘汰不需要的键。

除此之外，Redis 的列表类型键可以用来实现队列，支持阻塞式读取，并且可以很容易地实现一个高性能的优先级队列。同时，在更高层面上，Redis 还支持"发布/订阅"的消息模式，用户可以基于此构建聊天室等系统。

（4）简单稳定

如果一个工具使用起来太复杂，即使它的功能再丰富也很难吸引人。Redis 直观的存储结构使其通过程序与 Redis 交互十分简单。在 Redis 中使用命令来读写数据，命令语句之于 Redis 就相当于 SQL 之于关系数据库。例如，在关系数据库中要获取 posts 表内 id 为 1 的记录的 title 字段的值，可以使用如下 SQL 语句实现：

```
SELECT title FROM posts WHERE id=1 LIMIT 1
```

相对应的，在 Redis 中要读取键名为 post:1 的散列类型键的 title 字段的值，可以使用如下命令语句实现：

```
HGET post:1 title
```

其中，HGET 就是一个命令。Redis 提供了 100 多个命令，但是常用的只有十几个，并且每个命令都很容易记住。

Redis 提供了几十种不同编程语言的客户端库，这些库都封装了 Redis 的命令，这样在程序中与 Redis 进行交互变得很容易。有些库还提供了可以将编程语言中的数据类型直接以相应的形式存储到 Redis 中（如将数组直接以列表类型存入 Redis）的简单方法，使用起来非常方便。

Redis 使用 C 语言开发，代码量只有 3 万多行。这降低了用户通过修改 Redis 源代码来使之更适合自己项目需要的门槛。对于希望"榨干"数据库性能的开发者而言，这无疑具有很大的吸引力。

Redis 是开源的，有将近 100 名开发者为 Redis 贡献了代码。良好的开发氛围和严谨的版本发布机制使得 Redis 的稳定版本的性能非常可靠，如此多的公司选择使用 Redis 也可以印证这一点。

（5）Memcached 与 Redis 比较

Memcached 与 Redis 的比较见表 7-2。

表 7-2　　　　　　　　　　　　　　　　　Memcached 与 Redis 的比较

数据库	CPU	内存利用率	持久性	数据结构	工作环境
Memcached	支持多核	高	无	简单	Linux/Windows
Redis	单核	低（压缩比 Memcached 高）	有（硬盘存储，主从同步）	复杂	Linux

7.2　图形数据库

图形数据库是 NoSQL 数据库中的一种应用图形方式存储实体之间关系信息的数据库，最常见例子就是社会网络中人与人之间的关系。用关系型数据库存储"关系信息"数据的效果并不理想，其查询步骤复杂、响应缓慢，而图形数据库的特有设计却非常适合"关系信息"数据的管理。

关系型数据库在表示多对多关系时，一般需要建立一个关联表来记录两个实体之间的关系，若这两个实体之间拥有多种关系，那就需要额外增加多个关联表。而图形数据库在同样的情况下，只需要标明两者之间存在着不同的关系。如果要在两个节点集间建立双向关系，只需要为每个方向定义一个关系即可。

也就是说，相对于关系数据库中的各种关联表，图形数据库中的关系可以通过关系能够包含属性这一功能来提供更为丰富的关系展现方式。因此，相较于关系型数据库，图形数据库的用户在对事物进行抽象时将拥有一个额外的标识，那就是丰富的关系。

图形数据库更有利于对人际关系、事件关系及其他关系的数据的管理和应用。如微信的社交网络，主要用于保持亲人和朋友之间的联系，图形数据库能很好地显示出用户在朋友圈所具有的影响力，以及朋友之间是否存在着共同的爱好和兴趣。

常见的图形数据库有 Neo4j、FlockDB、AllegroGrap、GraphDB、InfiniteGrap 等，另外，还有其他一些图形数据库，如 OrientDB、InfoGrid 和 HypergraphDB 等。

7.2.1　Neo4j

Neo4j 是一个高性能的 NoSQL 图形数据库，它将结构化数据存储在网络上而不是表中。它是一个嵌入式的、基于磁盘的、具备完全的事务特性的 Java 持久化引擎。Neo4j 也可以被看作是一个高性能的图引擎，该引擎具有成熟数据库的所有特性。使用 Neo4j 时，程序员工作在一个面向对象的、灵活的网络结构下，而不是严格、静态的表中，但是他们可以享受到具备完全的事务特性、企业级的数据库的所有好处。

Neo4j 因其具备的嵌入式、高性能、轻量级等优势，越来越受到人们的关注。

1．Neo4j 的优点

作为一款稳健的、可伸缩的高性能数据库，Neo4j 最适合完整的企业部署或者作为一个轻量级项目中完整服务器的子集存在。它包括如下几个显著特点。

（1）完整的 ACID 支持

适当的 ACID 操作是保证数据一致性的基础。Neo4j 确保了在一个事务里的多个操作同时发生，保证数据的一致性。无论是采用嵌入模式还是多服务器集群部署，Neo4j 都支持这一特性。

（2）高可用性和高可扩展性

可靠的图形存储可以非常轻松地集成到任何一个应用中。随着开发的应用在运营中不断发展，性能问题肯定会逐步凸显出来，而无论应用如何变化，Neo4j 只会受到计算机硬件性能的影响，而不受业务本身的约束。部署一个 Neo4j 服务器可以承载亿级的节点和关系。当然，当单节点无法承载数据需求时，可以部署分布式集群。

（3）通过遍历工具高速检索数据

图形数据库最大的优势是可以存储关系复杂的数据。通过 Neo4j 提供的遍历工具，可以非常高效地进行数据检索，每秒可以达到亿级的检索量。一个检索操作类似 RDBMS 里的连接 join 操作。

2．Neo4j 的结构

（1）节点

构成一张图的基本元素是节点和关系。在 Neo4j 中，节点和关系都可以包含属性，如图 7-13 所示。

节点经常被用于表示一些实体，依赖关系也同样可以表示实体。下面介绍一个最简单的节点，只有一个属性，属性名是 name，属性值是 Marko，如图 7-14 所示。

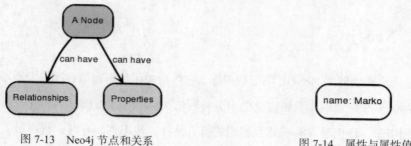

图 7-13　Neo4j 节点和关系　　　　　　　　图 7-14　属性与属性值

（2）关系

节点之间的关系是图数据库很重要的一部分。通过关系可以找到很多关联的数据，如节点集合、关系集合以及它们的属性集合，如图 7-15 所示。

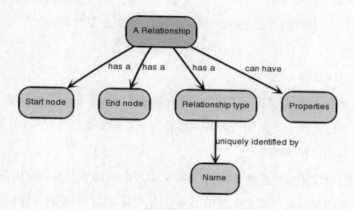

图 7-15　集合

一个关系连接两个节点，必须包含开始节点和结束节点，如图 7-16 所示。

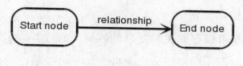

图 7-16　关系

因为关系总是直接相连的，所以对于一个节点来说，与它关联的关系看起来有输入/输出两个方向，这个特性对于遍历图非常有帮助，如图 7-17 所示。

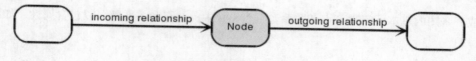

图 7-17　关系的输入/输出

关系在任意方向都会被遍历访问，这意味着并不需要在不同方向都新增关系。而关系总是会有一个方向，所以当这个方向对应用没有意义时，可以忽略。需要特别注意的是，一个节点可以有一个关系是指向自己的，如图 7-18 所示。

为了便于在将来增强遍历图中所有的关系，需要为关系设置类型。注意，关键字 type 在这里可能会被误解，其实可以把它简单地理解为一个标签。

图 7-19 展示的是一个有两种关系的最简单的社会化网络图。从图中可以看到 Maja、Alice、Oscar 和 William 四个人之间的关系，Alice 是服从 Oscar 管理的，Oscar 与 Maja 之间是互相 follows 的平等关系，而 Oacar 则阻碍了 William 的发展。

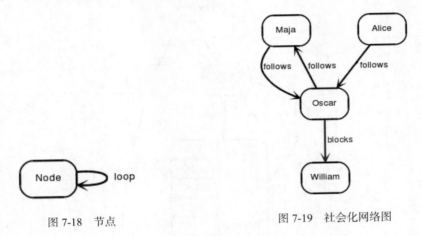

图 7-18　节点　　　　　　　　　　　　　图 7-19　社会化网络图

图 7-20 展示的是一个简单的 Linux 文件系统，在此图中表示的关系为根目录 "/" 下有一个子目录 A，而 A 目录里有目录文件 B 和目录文件 C，B 是 D 的符号链接，即可指向 D，而目录 C 里包含文件 D。从图 7-20 中可以顺着关系得到根目录下的所有文件信息。

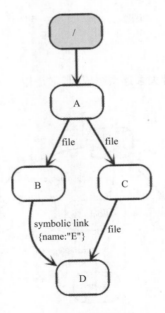

图 7-20　文件系统图

（3）属性

节点和关系都可以设置自己的属性。在图 7-21 所示的属性组成关系图中，一个 Property 包含 Key 和 Value 两个部分，表示属性是由 Key-Value 组成的；Key 指向 String，表示 Key 是字符串类型；Value 的类型可以是多样的，例如，可以是 String、int 或 boolean 等，也可以是 int[]这种类型的数据。

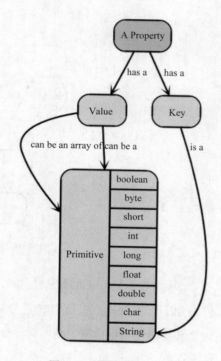

图 7-21　属性组成关系图

（4）路径

路径由至少一个节点通过各种关系连接组成，经常是作为一个查询或者遍历的结果，如图 7-22 所示。

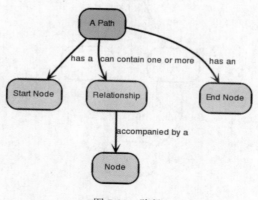

图 7-22　路径

图 7-23 中展示的是一个单独节点，它的路径长度为 0。

图 7-24 展示的是长度为 1 的路径。

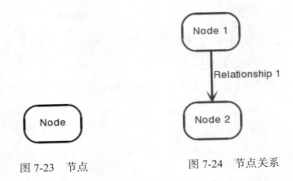

图 7-23　节点　　　　　图 7-24　节点关系

（5）遍历

遍历一张图就是按照一定的规则，跟随它们的关系，访问关联的节点集合。最常见的情况是只有一部分子图被访问到，因为用户知道自己关注哪一部分节点或者关系。

Neo4j 提供了遍历的 API，可以让用户指定遍历规则。最简单的遍历规则就是设置遍历为宽度优先或深度优先。

3. 在 Java 应用中使用 Neo4j

在 Java 应用中使用 Neo4j 是非常容易的，用户能找到需要的一切——从开发环境的建立到使用数据做一些有用的事情。

利用 Java 语言访问 Neo4j 有两种模式，一种是服务端的方式，另一种是嵌入式的方式。本节介绍嵌入式的方式，即通过 Java 语言和驱动包（neo4j.x.jar）直接新建数据库文件或访问已有的数据库文件。嵌入式方式的工作效率更高。

（1）将 Neo4j 引入项目工程中

在 Neo4j 的官方网站上下载合适的版本，并解压到合适的位置，解压后的文件中包含 lib 目录，在 Java 中使用 Neo4j 需要用到此 lib 目录中的 jar 文件。本节以 Eclipse 为例，将 Neo4j 的库文件增加到构造路径当中。用鼠标右键单击"工程"按钮，然后选择"Build Path→Configure Build Path"。在对话框中选择 Add External JARs，找到 Neo4j 的 lib 目录，并选择所有的 jar 文件。

引入 jar 包后，同时需要在代码中导入所需的类库：

```
import org.neo4j.graphdb.*;
import org.neo4j.graphdb.factory.GraphDatabaseFactory;
import org.neo4j.graphdb.index.Index;
import org.neo4j.graphdb.traversal.Evaluators;
import org.neo4j.graphdb.traversal.TraversalDescription;
```

（2）在 Java 中启动和停止 Neo4j

创建一个新的数据库或者打开一个已经存在的数据库，需要先实例化一个 EmbeddedGraphDatabase 对象。代码如下：

```
graphDb = new GraphDatabaseFactory().newEmbeddedDatabase( DB_PATH );
registerShutdownHook( graphDb );
```

注意：EmbeddedGraphDatabase 实例可以在多个线程中共享，但不能创建多个实例来指向同一个数据库。

停止数据库，需要调用方法 shutdown()：

```
graphDb.shutdown();
```

为了确保 Neo4j 被正确关闭，用户可以为它增加一个关闭钩子的方法，代码如下：

```
private static void registerShutdownHook( final GraphDatabaseService graphDb )
{
    // Registers a shutdown hook for the Neo4j instance so that it
    // shuts down nicely when the VM exits (even if you "Ctrl-C" the
    // running example before it's completed)
    Runtime.getRuntime().addShutdownHook( new Thread()
    {
        @Override
        public void run()
        {
            graphDb.shutdown();
        }
    } );
}
```

如果用户只想通过只读方式浏览数据库，需使用 EmbeddedReadOnlyGraphDatabase。

如果用户想通过配置设置来启动 Neo4j，可以加载一个 Neo4j 属性文件，代码如下：

```
GraphDatabaseService graphDb = new GraphDatabaseFactory().
    newEmbeddedDatabaseBuilder( "target/database/location" ).
    loadPropertiesFromFile( pathToConfig + "neo4j.properties" ).
    newGraphDatabase();
```

或者用户可以编程创建自己的 Map<String, String> 来代替属性文件。

7.2.2　Neo4j 应用案例

所有的关系都有一个类型。例如，若一个图形数据库实例表示一个社会网络，则一个关系的类型可能叫 KNOWS。

如果该关系（KNOWS）连接了两个节点，那么可能表示这两个人互相认识。一个图形数据库中大量的语义都被编码成关系的类型来使用。虽然关系是直接相连的，但它们也可以不用考虑它们遍历的方向而互相遍历对方。

1. 准备图形数据库

关系类型可以通过 enum 创建。这个范例需要一个单独的关系类型。下面是定义代码：

```
private static enum RelTypes implements RelationshipType
{
    KNOWS
}
```

准备一些需要用到的参数：

```
GraphDatabaseService graphDb;
Node firstNode;
Node secondNode;
Relationship relationship;
```

下一步将启动数据库服务器。如果给定的保持数据库的目录不存在，它会自动创建目录，代码如下：

```
graphDb = new GraphDatabaseFactory().newEmbeddedDatabase( DB_PATH );
registerShutdownHook( graphDb );
```

这样就可以与数据库进行交互了。

注意：启动一个图形数据库是一个非常耗费资源的操作，所以不要每次需要与数据库进行交互操作时都去启动一个新的实例。这个实例可以被多个线程共享。事务是线程安全的。

就像上面所看到的一样，注册一个关闭数据库的钩子来确保在 JVM 退出时数据库已经被关闭。

2. 在一个事务中完成多次写数据库操作

所有的写操作（创建、删除以及更新）都是在一个事务中完成的，这是因为事务是一个企业级数据库中非常重要的一部分。

在 Neo4j 中进行事务处理是非常容易的：

```
Transaction tx = graphDb.beginTx();
try
{
    // Updating operations go here
    tx.success();
}
finally
```

```
{
    tx.finish();
}
```

3. 创建一个小型图形数据库

下面展示了如何创建一个小型图形数据库，数据库中包括两个节点，并且这两个节点之间通过一个关系相连，节点和关系还包括以下属性：

```
firstNode = graphDb.createNode();
firstNode.setProperty( "message", "Hello, " );
secondNode = graphDb.createNode();
secondNode.setProperty( "message", "World!" );
relationship = firstNode.createRelationshipTo( secondNode, RelTypes.KNOWS );
relationship.setProperty( "message", "brave Neo4j " );
```

图 7-25 所示为图形数据库实例。

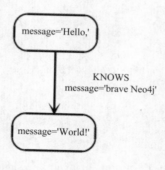

图 7-25　图形数据库实例

4. 打印结果

在创建完成图形数据库后，用户就可以从中读取数据并打印结果，代码如下：

```
System.out.print( firstNode.getProperty( "message" ) );
System.out.print( relationship.getProperty( "message" ) );
System.out.print( secondNode.getProperty( "message" ) );
```

输出结果如图 7-26 所示。

```
Hello, brave Neo4j World!
```

图 7-26　打印输出

5. 移除数据

若出现下面这种情况，则将在提交之前移除数据。

```
// let's remove the data
```

```
firstNode.getSingleRelationship( RelTypes.KNOWS, Direction.OUTGOING )
.delete();
firstNode.delete();
secondNode.delete();
```

注意，若删除一个仍然有关系的节点，则事务提交时会失败。这是为了确保关系始终存在开始节点和结束节点。

6. 关闭图形数据库

最后，当应用完成后，关闭数据库：

```
graphDb.shutdown();
```

小　　结

本章介绍了其他非关系型数据库，主要包括 Memcached 和 Redis 两种内存数据库，内存数据库主要是把磁盘的数据加载到内存中进行应用操作。因此，内存数据库的读取速度要比其他基于磁盘操作的数据库高出几个数量级，能够极大地提高应用的性能。

另外，本章还介绍了图形数据库，图形数据库是一种应用图形方式存储实体之间的关系信息的数据库，便于用户对人际关系、事件关系及其他关系复杂的数据进行管理。本章介绍了 Neo4j 数据库的基本概念，并通过应用案例来帮助读者认识图形数据库。

思　考　题

1. 内存数据库的特点有哪些？
2. 图形数据库与关系型数据都是用来记录实体及实体间的关系的，它们之间有什么区别？

第8章
NewSQL 数据库

前面探讨了 NoSQL 数据库的相关技术，NoSQL 数据库能够很好地应对海量数据的挑战，为用户提供可观的可扩展性和灵活性，但是它也有缺点。首先，NoSQL 数据库不支持 ACID 特性，在很多场合下，ACID 特性使系统在中断的情况下也能够保证在线事务的准确执行；其次，大多数 NoSQL 数据库提供的功能比较简单，这就需要用户在应用层添加更多的功能；最后，NoSQL 数据库没有统一的查询语言，不支持 SQL 查询，这也在一定程度上增加了开发者的负担。为了解决上述难题，NewSQL 数据库应运而生。NewSQL 数据库不仅具有 NoSQL 数据库对海量数据的存储管理能力，同时还保留了传统数据库支持的 ACID 和 SQL 特性。它是一类新的关系型数据库，是各种新的可扩展和高性能的数据库的简称。

本章重点内容如下。

（1）TiDB 数据库的架构及存储机制。

（2）OceanBase 的概念。

8.1　TiDB 数据库

TiDB 是一款结合了传统的关系型数据库和 NoSQL 数据库特性的新型分布式数据库。它是基于 Google 公司的 Google Spanner / F1 论文设计的开源分布式数据库，而 Spanner/F1 是 Google 公司研发的可扩展的、多版本、全球分布式、可同步复制的数据库。它是第一个把数据分布在全球范围内的系统，并且支持外部一致性的分布式事务。因此，TiDB 在设计时也追求无限的水平扩展，具备强一致性和高可用性，支持分布式事务的处理。同时，TiDB 的目标是为在线交易处理（Online

Transactional Processing，OLTP）和在线分析处理（Online Analytical Processing，OLAP）场景提供一站式的解决方案，支持 MySQL 数据库的数据轻松地向 TiDB 迁移，包括分库、分表后的 MySQL 集群也可通过工具进行实时迁移。

8.1.1 TiDB 架构

TiDB 具有无限水平扩展和高可用性的特点，通过简单地增加新节点即可实现计算和存储能力的扩展，轻松地应对高并发、海量数据的应用场景。TiDB 的整体架构参考 Google Spanner/F1 的设计，也分为 TiDB 和 TiKV 上下两层。TiDB 对应的是 Google F1，是一层无状态的 SQL 层，负责与客户端交互，对客户端体现的是 MySQL 网络协议，且客户端需要通过一个本地负载均衡器将 SQL 请求转发到本地或最近的数据中心中的 TiDB 服务器。TiDB 服务器负责解析用户的 SQL 语句，生成分布式的查询计划，并翻译成底层 Key-Value 操作发送给 TiKV，而 TiKV 则是真正存储数据的地方，对应的是 Google Spanner，是一个分布式 Key-Value 数据库，支持弹性水平扩展、自动的灾难恢复和故障转移，以及 ACID 跨行事务。另外，TiDB 架构采用 PD 集群来管理整个分布式数据库，PD 服务器在 TiKV 节点之间以 Region 作为单位进行调度，将部分数据迁移到新添加的节点上，完成集群调度和负载均衡。TiDB 的集群架构如图 8-1 所示。

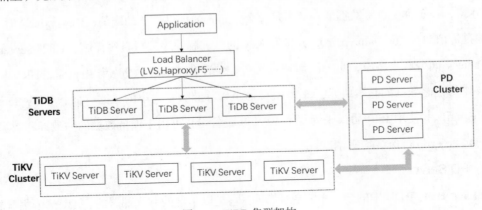

图 8-1 TiDB 集群架构

从图 8-1 中可以看出，TiDB 集群架构主要由 TiDB 节点、PD（Placement Driver）节点和 TiKV 节点 3 个组件构成。通常 TiDB 集群架构推荐至少部署 3 个 TiKV 节点、3 个 PD 节点和 2 个 TiDB 节点，随着业务量的增长，可按照需求相应地添加 TiKV 或者 TiDB 节点。接下来具体介绍每个组件完成的功能。

1. TiDB Server

TiDB Server 完成与客户端的交互，兼容绝大多数的 MySQL 语法，属于 SQL 层。在集群当中，首先多个客户端通过负载均衡组件将 SQL 请求转送至不同的 TiDB Server，TiDB Server 负责解析 SQL 请求，获取请求内容；然后进行合法性验证和类型推导；接着进行查询优化，包括逻辑优化和物理优化，优化完成后构建执行器；最后，把数据从 TiKV 中取出来进行计算，将最终结果反馈给客户端。TiDB 处理用户请求的流程如图 8-2 所示。

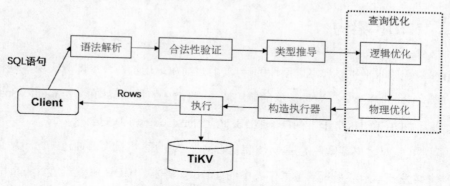

图 8-2　用户请求处理流程

TiDB Server 是无状态的，每个 TiDB Server 都是平等的，其本身并不存储数据，只负责计算，并可以进行无限水平扩展。当集群中单个 TiDB Server 实例失效时，可以重启这个实例或部署一个新的实例来提高集群的可用性。

2．TiKV Server

TiKV Server 主要负责数据的存储，是一个分布式的提供事务的键值（Key-Value）存储引擎，存储的是键值对（Key-Value pair），并按照 Key 的二进制顺序进行有序存储。TiKV Server 将整个 Key-Value 空间分成很多段，每一段都是一系列连续的 Key，这一段称为 Region。TiKV Server 将 Region 作为存储数据的基本单元，每个 Region 负责存储一定大小的数据。每个 TiKV Server 负责多个 Region，并使用 Raft 协议来为每个 Region 做备份，可用于保持数据的一致性和数据容灾，通过 PD Server 进行负载均衡调度。

3．PD Server

PD Server 是 TiDB 中的全局中心总控节点，它是以集群的方式部署的，负责整个集群的调度，如数据的迁移及负载均衡等，也负责全局 ID 的生成，以及全局时间戳 TSO 的生成等。PD 还保存着整个集群 TiKV 的元信息，即某个 Key 存储在哪个 TiKV 节点上，负责为 TiDB Server 提供路由功能。具体管理机制在 8.1.3 节进行介绍。

8.1.2　TiDB 的存储原理

由前述可知，TiDB 架构是 SQL 层和 TiKV 存储层分离的，SQL 层完成用户 SQL 请求的解析、验证等工作，并执行 SQL 的查询优化。TiKV 作为 Key-Value 数据库，可完成实际数据的存储，支持分布式事务，并提供对上层透明的水平扩展。本节主要介绍 TiDB 的存储原理，包括 TiDB 的设计思想、基本概念及实现原理。

1. **设计思想**

TiDB 的设计是分层的，它的逻辑结构如图 8-3 所示，最底层选用了当前比较流行的存储引擎 RocksDB。RocksDB 性能很强，但它是单机的，为了保证高可用性，因此使用副本的机制。上层 使用 Raft 协议来保证单机失效后数据不会出现丢失和出错，即用 Raft 协议把数据复制到多台 TiKV 节点上，保证在一台机器失效时还有其他机器的副本可以使用。在安全可靠的 TiKV 存储的 基础上再去实现多版本控制（MVCC），提高分布式场景下数据库的性能以及避免死锁。最后再去 构建分布式事务，以上这些功能就构成了存储层 TiKV。然后由 TiDB 层实现 SQL 层，并解析 MySQL 网络协议即可。

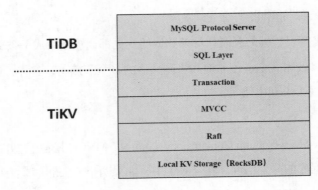

图 8-3　TiDB 逻辑结构

2. **基本概念**

（1）Key-Value 模型

作为保存数据的系统，首先要决定数据的存储模型，即数据是以何种形式保存下来的。在 TiKV 中，数据以 Key-Value 模型的形式存储，TiKV 可以比作一个巨大的 Map，里面有序地存储大量的 键值对（Key-Value pair），其中 Key 和 Value 均是原始的 Byte 数组，且在 Map 中这些键值对是按 照 Key 的二进制顺序排列的，即可以通过 Key 进行顺序查找。

（2）RocksDB

TiKV 是参考 Google 的 Spanner 设计实现的，但是 Spanner 是使用 Goolge 文件系统（GFS） 作为它的分布式文件系统来存储真实数据的。TiKV 不依赖任何分布式文件系统，它将键值对保 存在 RocksDB 中，具体向磁盘上写数据则由 RocksDB 完成。RocksDB 是一个开源的、高性能的 单机存储引擎，由 Facebook 团队在做持续优化，可以很容易地调整读写和放大空间，以满足 TiKV 的要求。

（3）Raft

Raft 是一个管理复制日志的一致性算法，提供了与 Paxos 算法相同的容错功能和性能。但是它的算法结构与 Paxos 不同，使用 Raft 算法用户能够更加容易理解，并且更容易构建一个分布式系统。Raft 协议将一致性算法分成了几个关键模块，主要提供以下功能。

① 领导者选举，Raft 算法使用一个随机计时器来选举领导者，日志条目只从领导者发送给其他的服务器。

② 成员变更，Raft 算法为了调整集群中的成员关系使用了新的联合一致性的方法，这种方法中的大多数不同配置的机器在转换关系的时候会重叠。这就使得配置改变的时候，集群仍能够继续操作。

③ 日志复制，领导者必须从客户端接收日志，然后复制到集群中的其他节点，并且强制要求其他节点的日志与自己保持相同。

TiKV 使用 Raft 来实现数据的复制，每条数据的变更都会被记录成一条 Raft 日志。通过 Raft 的日志复制功能，可将数据安全、可靠地同步到集群的多个节点上，这样，Raft 可以保证在单机失效时，数据不会出现丢失和出错。

（4）MVCC

多版本并发控制（Multi-Version Concurrency Control，MVCC）是一种并发控制方法，在数据库系统当中实现对数据库的并发访问。在 TiKV 中，如果两个 Client 同时去修改一个键值对，而且没有使用多版本控制，则需要对访问的键值对上锁，保证在同一时刻只有一个 Client 对这个数据进行操作。在分布式场景下，采用这种上锁机制可能会带来性能以及死锁的问题，因此，TiKV 采用 MVCC 来完成这种多用户的并发访问。MVCC 的实现是通过在 Key 后面添加 Version 来实现的，如图 8-4 所示，多个用户可以同时对数据进行写操作，同时也可以提供旧版本给其他用户读取访问。

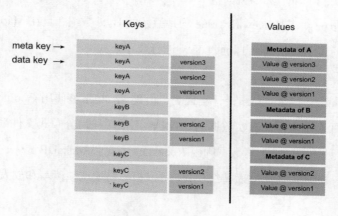

图 8-4　MVCC 多版本

这样就可以保证多个用户在并发访问时都可以访问数据，并形成这种带版本号的键值对。当然，如果不删除对这种带版本的键值对，数据库系统的数据会非常庞大，MVCC 提供垃圾收集器对无效版本的键值对进行回收和删除。

3. 实现原理

（1）关系模型与 Key-Value 模型的映射

在关系模型里，数据是使用二维表的逻辑结构进行存储的，每张表由多个元组（即二维表中的行）组成，而每个元组由多个属性组成，即二维表中的列。例如，定义如下的表结构：

```
CREATE TABLE User {
    User ID int,
    Name varchar(20),
    Email varchar(20),
    PRIMARY KEY (User ID)
};
```

同时，User 表中数据如表 8-1 所示。

表 8-1　　　　　　　　　　　　　　　　　User 表

User ID	Name	Email
1	Tony	tony@pingcap.com
2	Tim	tim@pingcap.com
3	Jack	jack@pingcap.com

可以看到，关系模型中的 Table 结构与 TiKV 的 Key-Value 结构是有巨大差异的。那么，如何将 Table 结构映射成 Key-Value 结构是 TiDB 的重点工作。

TiDB 为每个表分配一个 TableID，每个索引分配一个 IndexID，同样每一行也对应一个 RowID，但如果表的主键是整型，则会将主键作为 RowID，例如，User 表的主键为 User ID 且是整型的，那么，在 TiDB 中 UserID 就作为 RowID 使用。同时，TableID 在整个 TiDB 集群中是唯一的，IndexID 和 RowID 在表内唯一。定义好这些 ID 以后，TiDB 将 User 表中的一行数据映射为一个键值对，Key 为 TableID+RowID 的格式，整行数据为 Value 值。同样地，索引也需要建立键值对，一条索引可映射为一个键值对，Key 以 TableID+IndexID 构造前缀，以索引值构造后缀，即 TableID+IndexID+IndexColumnsValue 格式，Value 指向行 key。对于表 8-1 中的 User 表，假设 TableID 为 10，RowID 为 User 表的关键字，则 User 表的数据映射成键值对的格式，如表 8-2 所示。

表 8-2　　　　　　　　　　　　　　　Table 表的 Key-Value 映射

Key	Value
10_1	Tony | tony@pingcap.com
10_2	Tim | tim@pingcap.com
10_3	Jack | jack@pingcap.com

如果以 Name 属性构建索引，IndexID 为 1，则索引表可以映射为图 8-5 所示的格式。

Key	Value		Key	Value
10_1_Tony	1	→	10_1	Tony | tony@pingcap.com
10_1_Tim	2	→	10_2	Tim | tim@pingcap.com
10_1_Jack	3	→	10_3	Jack | jack@pingcap.com

图 8-5　索引的 Key-Value 映射

从这个例子中可以看到，一个表中的数据或索引会具有相同的前缀，因此，在 TiKV 的 Key-Value 空间内，一个表的数据会出现在相邻的位置，便于 SQL 的查找。

（2）Region 的分散与复制

在 TiKV 中，数据以键值对的形式存储在 RocksDB 中，再由 RocksDB 存储到磁盘中。为了实现存储的水平扩展，需要将数据分散在集群的多个节点上，即把整个巨大、有序的键值对按照某种规则分割成许多段，再将每段分散存储在不同机器上。在 TiKV 中，分割的每一段称为 Region，每个 Region 里是一系列连续的 Key，且每个 Region 中保存的数据不超过一定的大小，默认为 64MB，当存储的数据超过一个 Region 的域值后，将重新产生新的 Region。因为每个 Region 中的 Key 是有序的，所以每个 Region 都可以用 StartKey 到 EndKey 的左闭右开区间来描述。TiKV 中 Region 的逻辑结构如图 8-6 所示。

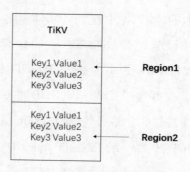

图 8-6　Region 的拆分

数据按照 Key 拆分成很多 Region，每个 Region 的数据保存在一个节点上面。整个系统再由 PD Server 负责将 Region 尽可能地均匀分布在集群中所有节点上，这样可以通过增加新的节点来实现存储容量的水平扩展，只要增加新节点，PD Server 就会自动地将其他节点上的 Region 调度过来。这种调度策略同时实现了数据的负载均衡，不会出现一个节点数据满负荷，而其他节点是空载的情况。

实现了数据的负载均衡以后，就要考虑数据的容灾，即如果每个 Region 只有单独的一份存储在一个节点上，那么，当这个节点宕机时，数据会丢失。TiKV 以 Region 为单位实现数据的复制，每个 Region 的数据在集群中以多个副本的形式存储在多个节点上。在 TiKV 中，每一个副本叫作 Replica，Replica 之间通过 Raft 来保持数据的一致。每个 Region 中的多个 Replica 构成一个 Raft Group，如图 8-7 所示。

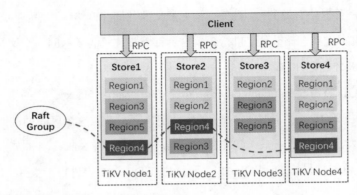

图 8-7　Region 的拆分

每个 Raft Group 由一个 Replica 作为 Group 的 Leader，其他的 Replica 作为 Follower。例如，在图 8-7 中，Region4 的三个副本分别存储于 TiKV 的 Node1、Node2 和 Node4 上，Node1 上的 Region4 作为 Leader，Node2 和 Node4 上的 Region4 作为 Follower。当对 Region4 中的数据进行读写时，Client 都是与 Node1 的 Region4 即 Leader 进行操作的，操作完成后，再由 Leader 复制给其他的 Follower。

Region 的分散与复制满足了 TiKV 的负载均衡及容灾，用户不用再担心单机故障造成数据丢失的问题，同时也提高了系统的水平扩展性。

（3）SQL 运算

了解了关系模型的表结构与 Key-Value 的映射及 Region 的分散与复制以后，接着来学习如何用 SQL 的查询语句来操作底层存储的数据。主要分成三个步骤：首先将 SQL 查询映射为对 Key-Value 的查询，然后通过 Key-Value 接口获取对应的数据，最后执行各种计算。

① 构造 Key，找出 Key 的范围，根据 SQL 语句找到所需要查找的表，而表的 TableID 在整个集群中是唯一的，RowID 定义的是 int64 类型的，范围也在[0,MaxInt64)内。因此，根据 Key 的编码规则——TableID+RowID，可以找到[StartKey,EndKey)这样的左闭右开的区间范围。

② 扫描 Key 的范围，根据上一步构造出的 Key 的区间范围，读取 TiKV 中的数据，这里从

TiKV 获取数据是通过 RPC 的方式获取的。

③ 过滤数据并计算，对于读取到的 Value 值要判断是否满足 SQL 语句的条件，过滤出符合 SQL 要求的 Value 值。同时，SQL 查询语句通常需要返回计算结果，如 count、sum 等聚合函数，因此，这一步也需要对满足条件的 Value 值进行各种计算。

以上 SQL 查询过程看似简单，但试想一下，在数据量比较大的情况下，一张表的数据会按照 Region 的方式存储在多个 TiKV Server 上，这时就需要采用分布式 SQL 运算。首先，需要将计算尽量靠近存储节点，以避免大量的 RPC 调用；其次，需要将 SQL 语句的过滤条件也下推到存储节点进行计算，只需要返回有效的行，避免一些无意义的数据在网络中传输；最后，可以将 count()、sum() 等聚合函数也下推到存储节点，进行预聚合，每个节点只需要返回一个聚合结果即可，最终再由 TiDB Server 来进行合并。

例如，一个 SQL 语句 Select count(*) from user where name="Jack"，它的执行过程如图 8-8 所示。执行时，先根据 SQL 语句构造出 Key 的区间范围后，获取这个区间的键值对的分布，然后通过 DistSQL API 发送 RPC 请求来访问 TiKV Server，每个 TiKV Server 对本节点上存储的数据进行过滤和计算，并返回结果给 DistSQL API，最终由 TiDB 对结果进行汇聚。

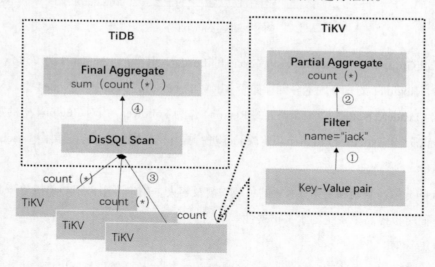

图 8-8　分布式 SQL 运算

8.1.3　TiDB 的管理机制

如前所述，TiDB 由三个组件组成，分别是 TiDB Server、TiKV Server 和 PD Server。TiKV 将关系模型中的表格数据转换成 Key-Value 的形式存储在磁盘中，TiDB 则负责完成客户端 SQL 请求的解析和执行。这两个组件已经完成了数据的存储和读写查询，基本实现了一个单机的数据库系统。但是，TiDB 系统是在大数据场景下诞生的，它的设计初衷是处理分布式的数据库，并具有高可用性和无限的水平扩展能力。那么，这种分布式集群里事务的调度和数据的容灾是如何实现的？这是由另一个组件 PD Server（后面以 PD 来简称这个组件）来完成的。PD 自身是一个集群，由多个 Server 组成，有一套选举的策略，由一个 Leader 对外提供服务。当 PD 崩溃时，系统会重新选举其他节点作为 Leader 来提供服务，无须担心 PD 节点的失效。PD 的 Leader 选举策略请参考相关文献，本书不再介绍。下面介绍 PD 作为全局中心总控节点是如何来管理分布式数据库系统的。

1. 信息收集

既然要管理整个分布式数据库系统，就必须收集足够的信息，例如，节点状态、Region 的副本数及位置信息、Raft Group 的信息等。PD 可从 TiKV 的心跳信息中获取这些相关的信息，这里有两类心跳信息，一类是 TiKV 节点与 PD 之间的心跳包，另一类是 Raft Group 里的 Region Leader 上报的心跳包。

PD 通过 TiKV 节点上报的心跳包来检测每个节点是否存活，以及是否有新的节点加入，PD 对新加入的节点生成全局 ID。同时此心跳包中还包含节点的元数据信息，主要包括：

- 总磁盘容量；
- 可用磁盘容量；
- 承载的 Region 数量；
- 数据写入速度；
- 是否过载；
- 标签信息。

Region Leader 上报的心跳信息则包括了这个 Region 的元数据信息，主要包括：

- Region Leader 的位置；
- Region Followers 的位置；
- 掉线的副本数；
- 数据写入/读取的速度。

PD 通过这两种心跳信息获取这个集群的信息，就可以对集群进行调度了。例如，获取 Region 的位置信息后，TiDB Server 在收到 Client 请求时，解析 SQL 语句，找出 Key 的范围，会向 PD 请求获取 Key 所在 Region 的节点，再与具体 TiKV 节点交互式地读取数据。

2. Region 的分裂

在 TiKV 中，每个 Raft Group 的 Leader 会定期检查 Region 所占用的空间是否超过某个域值。例如，Region 默认的域值为 64MB，如果一个 Region 超过了 64MB，就需要对 Region 进行拆分。首先，Leader 会向 PD 发送一个分裂的请求，PD 收到请求信息后，会生产一个新的 RegionID，并返回给 Leader；然后，Leader 将此信息写入 raft log 中，TiKV 根据日志信息对 Region 进行分裂，一个 Region 分裂成两个，其中一个继承原 Region 的所有元信息，另一个的元信息则由 PD 生成，如 RegionID 等；最后分裂成功后，TiKV 会告诉 PD 这两个 Region 的相关信息，由 PD 来更新 Region 的元信息，包括分裂后的 Region 的位置、副本等。

3. 负载均衡

在 TiKV 中，数据的读取和写入都是通过 Leader 进行的，所有的计算负载都在 Leader 上。如果多个 Raft Group 的 Leader 都在同一个节点上，则要对这些 Leader 进行移动，使其均匀分布在不同的节点上。同时在实际应用中，通常会出现热点访问的数据，即这种数据被频繁访问，这也会造成当前节点负荷过重。PD 根据数据的写入和读取速度，检测哪些 Region 是访问热点，然后将这些热点 Region 分散在不同节点上，防止出现一个节点被频繁访问，而其他节点处于空闲状态的情况。

另外，PD 根据节点的总磁盘容量和可用磁盘容量来调度 Region 的存放位置，保证每个节点占用的存储空间大致相等。同时，根据心跳信息判断当前节点是否失效，如果在一定时间内都没有收到此节点的心跳包，则认为此节点已经下线，这时就需要将此节点上的 Region 都调度到其他节点上。

PD 通过不断地收集节点和 Leader 的心跳信息，获取整个集群的状态，并根据这些信息对集群的操作进行调度。每次 PD 收到 Region Leader 发来的心跳包，都会检测是否需要对此 Region 进行操作，如 Region 分裂、Region 移动等。PD 将需要进行的操作通过心跳包的回复信息返回给 Region Leader。这些操作由 Region Leader 根据当前状态来决定是否执行此操作，执行的结果通过后续的心跳包信息发送给 PD，PD 再来更新整个集群的状态。

8.1.4　TiDB 应用案例

TiDB 的应用场景是典型的 OLTP 场景，它的设计目标是 100%的 OLTP 场景和 80%的 OLAP 场景，同时还提供 TiSpark 项目以完成更复杂的 OLAP 分析。TiDB 的应用场景主要分以下几种。

1. 替代 MySQL

传统的 MySQL 数据库在数据量急速增长后，使用分库分表的技术来对数据库进行扩展，在分布式数据库系统中也是使用分片技术，但是这些技术不管在维护成本或开发成本上都很高。而 TiDB 提供了一个可弹性的横向扩展的分布式数据库，并且具有高可用性，它兼容 MySQL 协议和绝大多数的 MySQL 语法，在通常情况下，用户无须修改代码就可以将 MySQL 无缝迁移到 TiDB。这种应用场景的实际案例如下。

（1）摩拜单车（Mobike）。摩拜单车从 2017 年年初就开始使用 TiDB，目前已经部署了多个集群用于不同的应用场景，如开关锁日志成功率的统计等。所有集群有近百个节点，存储数十 TB 的数据。摩拜单车将 TiDB 作为核心的数据交易和存储支撑平台，来解决海量数据的在线存储、大规模实时数据分析和处理。

（2）今日头条。TiDB 主要应用在今日头条核心 OLTP 系统——对象存储系统的部分元数据存储，支持头条图片和视频相关业务，如抖音小视频等。TiDB 支撑着今日头条 OLTP 系统里数据流量最大、每秒查询率（Query Per Second，QPS）最高的场景。此场景的集群容量 50 多 TB，数据量日增 5 亿行，可见数据量增长的速度非常快。

2. 替代 NoSQL 数据库

NoSQL 数据库拥有弹性的伸缩能力，具有实时并发写入能力，但是 NoSQL 数据库不支持 SQL，也不支持事务的 ACID 特性，NoSQL 无法满足某些强一致性的场景下的需求。TiDB 具备 SQL 所有的特性，同时满足数据的在线扩展。在线旅行网站"去哪儿"目前使用了几个 TiDB 集群来替代 MySQL 和 HBase，如机票离线集群、金融支付集群等。集群用来存储支付信息表和订单信息表，这些信息严格支持事务 ACID 特性，因此可以将原来存储于 MySQL 中的数据同步到 TiDB 中，然后，运营或开发人员可以在 TiDB 上进行 merge 单表查询或 OLAP 分析。

生活服务平台"饿了么"网站的在线交易平台和即时配送平台，随着用户量和订单量的快速增长，数据量也快速增长，产生了对数据存储的强烈需求。之前这些数据存储于 MySQL、Redis、MongoDB、Cassandra 等不同系统中，数据扩容不方便，维护成本也高，因此，"饿了么"网站选择使用 TiDB 来统一存储这些数据，以满足大数据量、高性能、高可靠、高可用、易运维的要求。

3. 实时数据仓库

目前企业大多数的数据分析场景的解决方案都是围绕着 Hadoop 生态系统展开的，包括 HDFS、Hive、Spark 等。但是单纯使用 Hadoop 已经无法满足一些实时的 OLTP 和复杂的 OLAP 需求。随着 TiDB 的子项目 TiSpark 的发布，可以在拥有关系数据库的事务写入能力同时进行复杂的分析。在这方面的实际案例也有很多，例如，易果集团使用 TiDB 作为新的实时系统，OLTP 的数据和实时数据可以实时写入 TiDB 中，OLAP 业务通过 TiSpark 进行分析，并且可以通过 TiSpark 将实时数据和离线数据整合起来。

8.2　OceanBase

OceanBase 是一款由阿里巴巴公司自主研发的高性能、分布式的关系型数据库，支持完整的

ACID 特性，高度兼容 MySQL 协议与语法，能够以最小的迁移成本使用高性能、可扩张、持续可用的分布式数据服务。它实现了数千亿条记录、数百 TB 数据的跨行跨表业务，支持了天猫大部分的 OLTP 和 OLAP 在线业务。

8.2.1　OceanBase 特性

OceanBase 最初是为了处理淘宝网的大规模数据而产生的。传统的 Oracle 单机数据库无法支撑数百 TB 的数据存储、数十万的 QPS，通过硬件扩展的方式成本又太高。淘宝网曾使用 MySQL 取代 Oracle，但是需要进行分库分表来存储，也有很多弊端。通过分库分表添加节点比较复杂，查询时有可能需要访问所有的分区数据库，性能很差。淘宝网甚至考虑过 HBase，但是 HBase 只能支持单行事务查询，且不支持 ACID 特性，只支持最终一致性。而淘宝网的业务必须支持跨行跨表业务，且一些订单信息需要支持强一致性，这就需要开发一个新的数据库，既要有良好的可扩展性，又能支持跨行跨表事务，OceanBase 就应运而生了。OceanBase 具有以下特性。

1. 高扩展性

虽然传统关系型数据库（如 Oracle 或 MySQL）的功能已经很完善，但是数据库可扩展性比较差，随着数据量增大，需要进行分库分表存储，在查询时需要将相应的 SQL 解析到指定的数据库中，数据库管理员需要花费大量时间来做数据库扩容，且对维护人员的技术要求比较高，要掌握分布式处理中数据的读写分离、垂直拆分和水平拆分等技术。而 OceanBase 使用分布式技术和无共享架构，数据自动分散到多台数据库主机上，采用廉价的 PC 服务器作为数据库主机，可以自由地对整个分布式数据库系统进行扩展，既降低了成本，同时也保证了无限的水平扩展。OceanBase 也被称为云数据库，具有云存储的随意扩展的特性。

2. 高可靠性

OceanBase 数据库系统使用的廉价的 PC 服务器，这些服务器是不可靠的，很容易出现故障。但是，OceanBase 又必须保证任何时刻出现的硬件故障不影响业务。因此，OceanBase 引入 Paxos 协议，保证分布式事务的一致性，即数据库系统中数据以备份的方式存储于多台机器中，当其中一台出现故障时，其他备份仍可以使用，并根据系统日志来恢复故障前的数据。

3. 数据准确性

OceanBase 是新型的关系型数据库，支持事务的 ACID 特性。这在电子商务、金融等领域是非常重要的，这些领域对数据的准确性要求非常高，如电子商务中的支付数据，这些数据要保持一致性，不能有任何数据的丢失。OceanBase 在设计时，读事务基本是分布式并发执行的，而写事务则是集中式串行执行的，且任何一个写事务在最终提交前对其他读事务都是不可见的，因此 OceanbBase 是具有强一致性的，能保证数据的正确性。

4. 高性能

数据库的总量是很大的，每天增、删、改的数据只是其中的小部分，这部分数据为增量数据。OceanBase 将数据分成基准数据和增量数据，基准数据是保持不变的历史数据，用磁盘进行存储，可保证数据的稳定性；而增量数据是最近一段时间的修改数据，存储在内存中，这种针对增、删、改记录的存储方式极大地提高了系统写事务的性能，并且增量数据在冻结后会转存到 SSD 上，仍然会提供较高性能的读服务。OceanBase 会在系统的低负载时段对数据进行合并操作，避免对业务产生不良影响。

8.2.2　OceanBase 系统架构

OceanBase 采用单台更新服务器来记录最近一段时间的修改增量，而基准数据以分布式文件系统的方式分散地存储于多台基准数据服务器中。增、删、改事务集中在更新服务器上完成，避免了复杂的分布式事务，高效地实现了跨行跨表事务。而在进行数据查询时，需要把基准数据和增量数据融合后返回客户端。另外，更新服务器上的修改记录定期分发到多台基准数据服务器中，避免成为瓶颈，实现了良好的扩展性。OceanBase 的系统架构如图 8-9 所示。

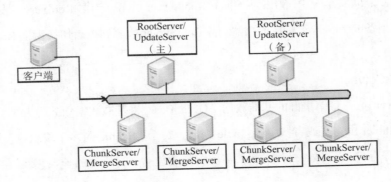

图 8-9　OceanBase 系统架构

每个 OceanBase 集群包含客户端、RootServer、MergeServer、ChunkServer 以及 UpdateServer 几个部分，其中，RootServer 和 UpdateServer 一般部署在同一台物理机上，ChunkServer 和 MergeServer 部署在同一台物理机上，同时，集群由多个 ChunkServer/MergeServer 节点组成。

1. 客户端

OceanBase 支持 JDBC 和客户端的访问，用户可通过客户端首先向 RootServer 发送请求，获取集群中 MergeServer 的地址列表，然后按照一定的策略选择一台 MergeServer 发送读写请求。客户端选择 MergeServer 的策略有两种，一种是随机的，从比较空闲的 MergeServer 中选取一台；另一种则是采用一致性的散列法，一致性散列的策略将相同的 SQL 请求发送到同一台 MergeServer

上，这样可以方便 MergeServer 对查询结果进行缓存，减少从磁盘读取的次数。

2. RootServer

RootServer 负责数据划分、集群服务器管理、负载均衡等操作。

在 OceanBase 集群中，表格中的数据按照主键进行排序和存储，主键由若干列组成，且具有唯一性。集群中的基准数据按照主键排序后划分成多个子表 Tablet，与 Bigtable 的定义类似，即将大数据块划分为小的数据块存储于不同的 ChunkServer 中。每个 Tablet 的默认大小为 256MB，并且在集群中每个 Tablet 默认包含三个副本，分布在多台 ChunkServer 中。RootServer 采用根表一级索引的结构，记录了每个 Tablet 所在的 ChunkServer。

RootServer 管理集群中所有的 MergeServer、ChunkServer 和 UpdateServer。RootServer 与 MergeServer 和 ChunkServer 之间保持心跳联系，能随时感知在线和已经下线的机器列表，当某台服务器（如 ChunkServer）下线时，RootServer 会触发对这台服务器上的 Tablet 增加副本的操作。同时，RootServer 也会定期执行负载均衡，选择某些子表从负载较高的机器迁移到负载较低的机器上。

RootServer 采用一主一备的结构，主备之间数据强同步，并通过 Linux HA 软件实现高可用性。主备 RootServer 之间共享 VIP，VIP 为当前主 RootServer 的 IP。当主 RootServer 发生故障后，VIP 能够自动漂移到备 RootServer 所在的机器，备 RootServer 检测到以后切换为主 RootServer 并提供服务。

3. ChunkServer

ChunkServer 负责存储集群的基准数据，OceanBase 将基准数据划分为大小约为 256MB 的 Tablet，每个 Tablet 由一个或者多个 SSTable 组成，每个 SSTable 由多个块组成。数据在 SSTable 中按照主键有序存储。查找某一行数据时，需要首先定位这一行所属的子表，接着在相应的 SSTable 中执行查找操作。

4. UpdateServer

UpdateServer 存储 OceanBase 系统的增量更新数据。UpdateServer 一般为一主一备，主备之间可以配置不同的同步模式。集群内部同一时刻只允许一个 UpdateServer 提供写服务，RootServer 通过租约机制选择唯一的主 UpdateServer，当原先的主 UpdateServer 发生故障后，RootServer 能够在原先的租约失效后选择一台新的 UpdateServer 作为主 UpdateServer。这种只有一台主 UpdateServer 提供写服务的方式，使得 OceanBase 很容易地实现跨行跨表事务，而不需要采用传统的两阶段提交协议。

UpdateServer 是集群中唯一接受写入的模块，当执行更新操作时需要先写操作日志，并同步到备 UpdateServer，保证在主 UpdateServer 出现故障时，备 UpdateServer 中数据是一致的。集群中的更新操作会写入内存表，当内存表的数据量超过一定值时，可以生成快照文件并转储到 SSD 中。OceanBase 集群通过定期合并和数据分发这两种机制将 UpdateServer 一段时间之前的增量更新源源不断地分散到 ChunkServer，而 UpdateServer 只需要服务最新一小段时间新增的数据，这些数据是可以全部存放在内存中的。

5. MergeServer

MergeServer 负责接收并解析用户的 SQL 请求，MergeServer 与客户端之间采用 MySQL 通信协议，MergeServer 从请求中提取 SQL 语句，经过词法分析、语法分析、查询优化等一系列操作后转发给相应的 ChunkServer 或者 UpdateServer。

MergeServer 缓存了 Tablet 的分布信息，根据请求涉及的 Tablet 将请求转发给该 Tablet 所在的 ChunkServer。如果是写操作，还会转发给 UpdateServer。某些请求需要跨多个 Tablet，此时 MergeServer 会将请求拆分后发送给多台 ChunkServer，并合并这些 ChunkServer 返回的结果。如果请求涉及多个表格，则 MergeServer 需要先从 ChunkServer 获取每个表格的数据，再执行多表关联或者嵌套查询等操作。

以上系统架构中的所有组件使 OceanBase 既具有传统 DBMS 的跨行跨表事务、数据的强一致性及很短的查询修改响应时间，又具有云计算的海量数据管理能力、自动故障恢复、自动负载平衡及良好的扩展性。

小　结

本章主要介绍 NewSQL 数据库。首先介绍了 TiDB 数据库，TiDB 是一款结合了传统的关系型数据库和 NoSQL 数据库最佳特性的新型分布式数据库。通过本章对 TiDB 的架构、存储原理进行介绍，并结合应用案例，读者可了解 TiDB 的特性。

另外本章也简单介绍了阿里巴巴公司自主研发的高性能、分布式的关系型数据库 OceanBase。

思 考 题

1. NewSQL 数据库与关系型数据库和 NoSQL 数据库有哪些区别和联系？

2. TiDB 的架构与 HBase 集群架构有哪些不同？

第9章
综合实验

前面详细介绍了 HBase 与 MongoDB 数据库的原理和编程方法，本章的两个实验分别针对这两个数据库，使用Python语言实现数据的存储和分析。在实现的过程中，读者可以在掌握MongoDB和 HBase 基本知识的基础上，加深对这两种数据库结构及各种数据库操作的认识。

9.1　MongoDB 实验

MongoDB 是文档数据库，采用 BSON 结构来存储数据。在文档中可嵌套其他文档类型，使得 MongoDB 具有很强的数据描述能力。本节实验案例使用的数据为"链家"房产公司的租房信息，源数据来自"链家"网站，所以首先要获取网页数据并解析出本案例所需的房源信息，然后将解析后的数据存储到 MongoDB 中，最后基于这些数据进行城市租房信息的查询和聚合分析等。

9.1.1　获取和存储数据

分析租房信息首先要获取原始的房源数据，本例使用 Python 爬虫技术获取"链家"网站的租房信息。如图 9-1 所示，需要获取房源所在区域、小区名、房型、面积、具体位置、价格等信息。

图 9-1 房源信息

本例中使用 Python 的 requests 爬虫库从"链家"网站上获取各城市的租房信息，并用 lxml 库来解析网页上的数据，示例代码如下：

```
import requests
import re
from lxml import etree
res = requests.get(url, headers=headers)
content = etree.HTML(res.text)
```

使用 requests 库的 get()方法获取网页内容，第一个参数为爬取的网页地址，第二个参数为 get() 请求的头 header。get()方法返回的是 HTML 格式的网页内容，使用 lxml 库的 etree 类对 HTML 网页进行格式化。获取网页上具体字段信息时使用到正则表达式库 re 来匹配具体的 HTML 标签，如获取某城市所有的区域信息，代码如下：

```
areas = content.xpath("//dd[@data-index = '0']//div[@class='option-list']/a/text()")
```

使用 xpath()方法从 HTML 文档中查找信息，具体参数格式请参考 lxml 库文档。xpath()方法使用正则表达式来定位具体的数据，所以也需要导入正则表达式库 re。

获取房源信息后，设计文档的存储格式如下：

```
{
    "_id" : ObjectId("5bebbbf92ca290252c0cfe4d"),
    "area" : "江岸",
    "title" : "统建大江园南苑",
    "room_type" : "3室2厅",
```

```
        "square" : 133,
        "position" : "东南",
        "detail_place" : "育才花桥",
        "price" : 5000,
        "house_year" : "2005",
    }
```

id 由系统自动生成，所在区域 area、小区名称 title、房型 room_type 等为字符串形式，房间面积和价格为浮点数。本例将每个城市的房源信息组成一个集合，即以城市名作为集合名称。

Python 连接数据库需要使用到 pymongdb 库，连接数据库和创建集合的代码片段如下：

```
import pymongodb
client = MongoClient('localhost', 27017)
db = client.get_database("zufang")
col = db.get_collection("wuhan")
```

使用 MongoClient 类创建连接数据库对象 client，本案例使用本地数据库 localhost:27017。get_database 方法连接数据库，参数 zufang 为数据库名，get_collection 方法连接集合，参数 wuhan 为集合名称，如果不存在此数据库和集合，则新建数据库和集合。本例中爬取城市武汉的租房信息，集合名称为 "wuhan"，如需其他城市信息可设置 URL，

解析网页得到的源数据需存入 MongoDB 文档中，可使用单条插入的方式，也可以使用批量插入的方式。使用的函数均为 insert()。向文档插入单条房源信息的代码如下：

```
item = {
    "area": area,
    "title": title,
    "room_type": room_type,
    "square": int(square),
    "position": position,
    "detail_place": detail_place,
    "price": int(price),
    "house_year": house_year,
}
col.insert(item)
```

存储数据后可根据不同条件查询数据，例如，查询该城市有多少个区域，每个区域有多少房源。实现代码如下：

```
col.distinct("area")                        //查询该城市有多少个区域
col. find({'area':'江岸'}).count()           //某个区域有多少房源
col. find({'area':'青山'})                   //查找某个区域所有的房源信息
```

解析网页内容和将数据存储到 MongoDB 文档的详细代码参考代码清单的 pyrent.py 文件。

9.1.2　分析数据

存储房源数据后，需要进行数据分析，例如，获取每个区域房价的平均值和最大值，并将其以条形图的形式展示出来。

本节以统计每个区域的租房价格为例，使用 MongoDB 聚合管道技术对数据进行分组计算，对房源的区域进行分组聚合的代码如下：

```
pipeline = [
    {"$group":
        {
            "_id": "$area",
            "avgPrice": {"$avg": "$squarePrice"} ,
            "MaxPrice": {"$max" : "$squarePrice"}
        }
    },
] col.aggregate(pipeline)
```

此聚合使用 group 分组操作符对区域$area 进行聚合，计算区域房租的平均值和最大值，$avg 根据分组数据求取房租平均值，$max 根据分组获取房租最大值。聚合结果如下所示：

```
{ "_id" : "沌口开发区", "avgPrice" : 3162.9, "maxPrice" : 18000 }
{ "_id" : "新洲", "avgPrice" : 1737.5, "maxPrice" : 3000 }
{ "_id" : "黄陂", "avgPrice" : 1966.5, "maxPrice" : 30000 }
{ "_id" : "蔡甸", "avgPrice" : 1922.5, "maxPrice" : 8000 }
{ "_id" : "洪山", "avgPrice" : 2874.8, "maxPrice" : 55000 }
{ "_id" : "汉阳", "avgPrice" : 2717.1, "maxPrice" : 33563 }
{ "_id" : "东湖高新", "avgPrice" : 3083.4, "maxPrice" : 102600 }
{ "_id" : "青山", "avgPrice" : 2394.7, "maxPrice" : 6000 }
{ "_id" : "硚口", "avgPrice" : 2821.5, "maxPrice" : 50800 }
{ "_id" : "江汉", "avgPrice" : 3587.2, "maxPrice" : 33000 }
{ "_id" : "东西湖", "avgPrice" : 2430.9, "maxPrice" : 33000 }
{ "_id" : "武昌", "avgPrice" : 3511.1, "maxPrice" : 83000 }
{ "_id" : "江夏", "avgPrice" : 2329.9, "maxPrice" : 20000 }
{ "_id" : "江岸", "avgPrice" : 2980.4, "maxPrice" : 186620 }
```

从上述结果中可以看到此聚合计算出来的平均房租和最高房租显示与实际不符，在武汉，沌口开发区的房租价格实际上是比江岸区高的，得出上述结果是因为没有对房型和面积进行过滤，因此，接下来对房型和面积进行过滤后再统计房租。以下代码展示匹配房型为两室一厅，面积大

于 60m² 且小于 100 m² 的房源的平均房租:

```
matchpipeline = [
    {"$match":
        {
            "room_type": re.compile("2室1厅"),
            "square": {"$gt": 60, "$lt": 100}
        }
    },
    {"$group":
        {
            "_id": "$area",
            "avgPrice": {"$avg": "$squarePrice"} ,
            "MaxPrice": {"$max" : "$squarePrice"}
        }
    },
]
col.aggregate(matchpipeline)
```

使用 match 操作符数据进行过滤,获取面积大于 60 m² 且小于 100 m² 的两室一厅的租房信息,其中,对房型 room_type 进行过滤时用到正则表达式库 re,使用 re.compile()方法来匹配 room_type 字段。过滤出符合条件的租房信息后再使用 group 功能进行分组统计,得出的结果为:

```
{'_id': '沌口开发区', 'avgPrice': 2329.1, 'MaxPrice': 3500}
{'_id': '新洲', 'avgPrice': 1550.0, 'MaxPrice': 1600}
{'_id': '黄陂', 'avgPrice': 1633.7, 'MaxPrice': 2600}
{'_id': '蔡甸', 'avgPrice': 1517.3, 'MaxPrice': 2000}
{'_id': '洪山', 'avgPrice': 2511.1, 'MaxPrice': 5000}
{'_id': '汉阳', 'avgPrice': 2098.8, 'MaxPrice': 3600}
{'_id': '东湖高新', 'avgPrice': 2612.2, 'MaxPrice': 6000}
{'_id': '青山', 'avgPrice': 2190.8, 'MaxPrice': 3200}
{'_id': '硚口', 'avgPrice': 2482.1, 'MaxPrice': 10000}
{'_id': '江汉', 'avgPrice': 2787.7, 'MaxPrice': 6500}
{'_id': '东西湖', 'avgPrice': 2029.3, 'MaxPrice': 6000}
{'_id': '武昌', 'avgPrice': 2554.8, 'MaxPrice': 6000}
{'_id': '江夏', 'avgPrice': 1713.1, 'MaxPrice': 2400}
{'_id': '江岸', 'avgPrice': 2440.4, 'MaxPrice': 5200}
```

将本例中基于聚合统计出的数据使用 Python 绘制条形图(需使用 matplotlib 库),具体代码参考代码清单的 rentAnaly.py 文件,得到的结果如图 9-2 所示。

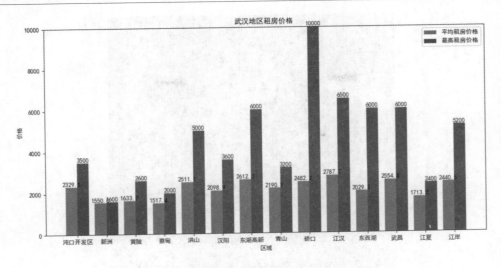

图 9-2　城市租房信息分析

9.2　HBase 实验

本节通过将 MySQL 数据库中的数据导入 HBase 的实验案例来学习使用 Python 编程操作 HBase 数据库。完成此案例需要的前提是熟悉关系型数据库的结构，并已在 MySQL 中插入相关数据，然后使用 Python 将 MySQL 数据库中的数据读出并写入 HBase 中。在写入 HBase 的过程中进一步熟悉 HBase 的表结构，以及如何将结构化的数据存入 HBase 的列族中。

9.2.1　数据库的设计

本案例的数据以学生课程成绩为例，在 MySQL 数据库中将实体和实体间的关系都存储在数据库中，本例中的实体有学生和课程，分别对应学生信息表 studentInfo 和课程信息表 courseInfo，实体之间的关系为选课及成绩，对应成绩表 gradeInfo，这三张表的结构如图 9-3 所示。

如果还是以三张表的形式存储数据在 HBase 中并没有任何意义，因为 HBase 有列族的概念，所以可以将三张表的数据整合在 HBase 的一张表中，HBase 中表的逻辑结构如图 9-4 所示。

HBase 表将 MySQL 三张表的数据聚合到同一张表中，将 studentInfo 表映射到 HBase 的 StuInfo 列族，将 gradeInfo 和 courseInfo 表信息映射到 Grades 列族中，使用 HBase 列族形式将数据整合到一起，用户查询起来会更加方便，同时对出现大量空值的场景，可以节约大量的存储空间。

```
mysql> describe studentInfo;
+------+------------+------+-----+---------+-------+
| Field| Type       | Null | Key | Default | Extra |
+------+------------+------+-----+---------+-------+
| 学号 | int(11)    | NO   | PRI | NULL    |       |
| 姓名 | char(20)   | NO   |     | NULL    |       |
| 年龄 | int(11)    | YES  |     | NULL    |       |
| 性别 | tinyint(1) | YES  |     | NULL    |       |
+------+------------+------+-----+---------+-------+
4 rows in set (0.00 sec)

mysql> describe courseInfo;
+--------+----------+------+-----+---------+-------+
| Field  | Type     | Null | Key | Default | Extra |
+--------+----------+------+-----+---------+-------+
| 课程号 | int(11)  | NO   | PRI | NULL    |       |
| 课程名 | char(20) | NO   |     | NULL    |       |
| 教师   | char(20) | YES  |     | NULL    |       |
+--------+----------+------+-----+---------+-------+
3 rows in set (0.00 sec)

mysql> describe gradeInfo;
+--------+---------+------+-----+---------+-------+
| Field  | Type    | Null | Key | Default | Extra |
+--------+---------+------+-----+---------+-------+
| 学号   | int(11) | NO   | PRI | NULL    |       |
| 课程号 | int(11) | NO   | PRI | NULL    |       |
| 成绩   | int(3)  | YES  |     | NULL    |       |
+--------+---------+------+-----+---------+-------+
3 rows in set (0.00 sec)
```

图 9-3　MySQL 中的表结构

	StuInfo			Grades		
	姓名	年龄	性别	大数据导论	NoSQL数据库	Python
001	张俊	18	男	80	90	
002	李莉	18	女	85	78	88
003	王刚	19	男	90	80	

图 9-4　HBase 表逻辑结构

9.2.2　实现

1. 读取 MySQL 数据

Python 连接 MySQL 需要用到 pymysql 库包，连接 MySQL 数据库代码如下：

```
pymysql.connect("localhost", "root", "", "courseSel")
```

其中，第一个参数 localhost 为本地数据库。如果使用远程数据库，可用 ip:port 的形式，例如“10.100.9.33:3306”。接下来两个参数分别为连接数据库的用户名和密码，最后一个为用到的具体数据库名。

因为本例中一个学生可能选择了多门课程，所以在插入 HBase 时，需针对单个学生的所有选课信息进行操作。因此，要先从 studentInfo 表中获取学生的基本信息，代码如下：

```
cursor.execute("SELECT * FROM studentInfo")
stuInfo = cursor.fetchall()
```

fatchall()方法用于获取查询的结果，返回的 sutInfo 为 list 结构，可存储多行数据。然后，针对每个学生从 gradeInfo 和 courseInfo 表中获取课程信息，代码如下所示：

```
for row in stuInfo:
    #根据学号查询该学生所选课程的相关信息
    sqlCourse = "SELECT courseInfo.课程名,gradeInfo.成绩 " \
            "FROM studentInfo,courseInfo,GradeInfo " \
            "WHERE studentInfo.学号=GradeInfo.学号 " \
            "and courseInfo.课程号=GradeInfo.课程号 and studentInfo.学号='%d'" %(id)
    cursor1.execute(sqlCourse)
    courses = cursor1.fetchall()
```

经过此查询后可以获取每个学生的选课信息和成绩，显示结果如下：

```
学生信息：(1, '张俊', 20, 1)
选课：(('大数据导论', 87), ('NoSQL 原理', 90), ('Python', 89))
学生信息：(2, '李莉', 19, 0)
选课：(('NoSQL 原理', 92), ('Python', 90))
学生信息：(3, '王琦', 18, 0)
选课：(('NoSQL 原理', 88), ('Python', 70))
学生信息：(4, '赵岸', 19, 1)
选课：(('大数据导论', 88), ('Python', 90))
```

2. 插入 HBase

Python 连接 HBase 需要使用 thrift 服务，下载安装并启动后，在 Python 中导入相应的库包：

```
from thrift.transport import TSocket
from hbase import Hbase
from hbase.ttypes import *
```

导入需要的库后，再连接 HBase，使用以下代码连接 HBase 数据库以及创建表：

```
transport = TSocket.TSocket('host', 9090)
protocol = TBinaryProtocol.TBinaryProtocol(transport)
client = Hbase.Client(protocol)
transport.open()
```

其中，Tsocket()方法中的第一个参数 host 为 HBase 服务器地址，9090 为 HBase 启动的默认端口号。使用 HBase.Client 创建 Client 对象，连接 HBase 后，创建表结构：

```
#定义列族
cf1 = ColumnDescriptor(name='stuInfo')
```

```
cf2 = ColumnDescriptor(name='Grades')
client.createTable('courseGrade', [cf1, cf2])
```

首先使用 ColumnDescripto()方法描述一个列族,第一个参数为列族名,还可以增加其他参数,如设置最大保存版本数 maxVersions。使用 createTable()方法创建表,第一个参数为表名,第二个参数为列族列表。

接下来向列族中插入数据,使用 mutateRow()方法插入一个逻辑行,对应多个列:

```
#插入 HBase courseGrade 表的 stuInfo 列族
mutations = [Mutation(column="stuInfo:name", value = name),
        Mutation(column="stuInfo:age", value = str(age)),
        Mutation(column="stuInfo:sex", value = str(sex))]
client.mutateRow('courseGrade', str(id), mutations)
```

mutateRow()方法的第一个参数为文本类型的表名,第二个参数为文本类型的行键,第三个参数为文本类型的列值列表,后面还可以设置 JSON 格式的可选属性。用同样的方式将学生的选课信息插入 Grades 列族:

```
mutations = [Mutation(column="Grades:'%s'"%(courseName), value=str(score))]
client.mutateRow('courseGrade', str(id), mutations)
```

Grades 列族中以 courseName 为列名,成绩 score 为具体单元格的值。

3. 查询数据

现在可获取某个学生所选课程的成绩。以下示例表示获取学号为 1 的学生的所有选课信息:

```
client.getRow('courseGrade','1')
client.get('courseGrade','1', 'StuInfo:name')
```

get()和 getRow()方法必须设定表名和行键,第一个参数为表名,第二参数为行键,HBase 中所有的数据类型均为字符型。getRow()方法只能获取一个逻辑行的数据,并且必须指定行键,因此,如需根据学生姓名获取学生的选课信息,则可以使用 scan()方法:

```
scan = TScan()
scan.columns =['stuInfo']
afilter = "valueFilter(=,'substring:李莉')"
scan.filterString = afilter
scanner =client.scannerOpenWithScan("courseGrade",scan,None)
result = client.scannerGetList(scanner,4)
```

其他查询方法请查阅 Python HBase API 的相关文档。

9.3 代码清单

9.3.1 MongoDB 实验代码清单

（1）存储房源信息代码文件 pyrent.py，代码如下：

```python
import requests
import time
import re
from lxml import etree
from pymongo import MongoClient


# 获取某市所有区域的链接
def get_areas(url, col):
    print('start grabing areas')
    headers = {
        'User-Agent': 'Mozilla/5.0 (X11; Linux x86_64) AppleWebKit/537.36 (KHTML, like Gecko) \
                      Chrome/63.0.3239.108 Safari/537.36'}
    res = requests.get(url+"/zufang", headers=headers)
    content = etree.HTML(res.text)
    areas = content.xpath("//dd[@data-index = '0']//div[@class='option-list']/a/text()")
    areas_link = content.xpath("//dd[@data-index = '0']//div[@class='option-list']/a/@href")

    for i in range(1, len(areas)):
        area = areas[i]
        area_link = areas_link[i]
        link = url + area_link
        print("开始抓取页面:"+link)
        get_pages(area, link, col)
```

```python
#通过获取某一区域的页数，来拼接某一页的链接
def get_pages(area, area_link, col):
    headers = {
        'User-Agent': 'Mozilla/5.0 (X11; Linux x86_64) AppleWebKit/537.36 (KHTML, like Gecko) Chrome/63.0.3239.108 Safari/537.36'}
    res = requests.get(area_link, headers=headers)
    pages        =        int(re.findall("page-data=\'{\"totalPage\":(\d+),\"curPage\"", res.text)[0])
    print("这个区域有" + str(pages) + "页")
    for page in range(1, pages+1):
        url = area_link+'pg' + str(page)
        print("开始抓取" + str(page) +"的信息")
        get_house_info(area, url, col)


#获取某一区域某一页的详细房租信息
def get_house_info(area, url, col):

    hlist = []
    headers = {
        'User-Agent': 'Mozilla/5.0 (X11; Linux x86_64) AppleWebKit/537.36 (KHTML, like Gecko)\
        Chrome/63.0.3239.108 Safari/537.36'}
    time.sleep(2)
    try:
        res = requests.get(url, headers=headers)
        content = etree.HTML(res.text)
        #每页有30行房源信息
        for i in range(30):
            title = content.xpath("//div[@class='where']/a/span/text()")[i]
            room_type = content.xpath("//div[@class='where']/span[1]/span/text()")[i]
            square = re.findall("(\d+)",content.xpath("//div[@class='where']/span[2]/text()")[i])[0]
            position        =        content.xpath("//div[@class='where']/span[3]/text()")[i].replace(" ", "")
            try:
                detail_place = re.findall("([\u4E00-\u9FA5]+)租房",
                                          content.xpath("//div[@class='other']/div/a/
```

```
text()")[i])[0]
            except Exception as e:
                detail_place = ""
        try:
            house_year = re.findall("(\d+)", content.xpath("//div[@class='other']/
div/text()[2]")[i])[0]
            except Exception as e:
                house_year = ""
        price = content.xpath("//div[@class='col-3']/div/span/text()")[i]
        item = {
            "area": area,
            "title": title,
            "room_type": room_type,
            "square": int(square),
            "position": position,
            "detail_place": detail_place,
            "price": int(price),
            "house_year": house_year,
            "squarePrice": round(int(price)/int(square), 1),
        }
        hlist.append(item)
        print('writing work has done!continue the next page')
    #批量插入本页房源数据
    col.insert(hlist)
except Exception as e:
    print( 'ooops! connecting error, retrying.....')
    time.sleep(20)


def main():
    print('start!')
    url = 'https://wh.lianjia.com'
    client = MongoClient('localhost', 27017)
    #创建数据库租房
    db = client.get_database("zufang")
    #创建集合 wuhan
    col = db.get_collection("wuhan")
    get_areas(url, col)
```

195

```
        client.close()


    if __name__ == '__main__':
        main()
```

（2）分析房源信息代码文件 rentAnaly.py，代码如下：

```python
from pymongo import MongoClient
import matplotlib.pyplot as plt
import matplotlib
import re

#连接 MongoDB 数据库
client = MongoClient('localhost', 27017)
db = client.get_database("zufang")
col = db.get_collection("wh_test")

#设置 group 分组聚合管道
pipeline = [
    {"$group":
        {
            "_id": "$area",
            "avgPrice": {"$avg": "$price"} ,
            "MaxPrice": {"$max" : "$price"}
        }
    },
]
#设置 match 和 group 聚合管道
matchPipeline = [
    {"$match":
        {
            "room_type": re.compile("2室1厅"),
            "square": {"$gt": 60, "$lt": 100}
        }
    },
    {"$group":
        {
            "_id": "$area",
```

```
              "avgPrice": {"$avg": "$price"} ,
              "MaxPrice": {"$max" : "$price"}
        }
    },
]
#进行聚合计算操作
lists = col.aggregate(matchPipeline)


label_list = []
num_list1 = []
num_list2 = []
#获取聚合后的数据并插入 label_list，num_list1，num_list2，用于纵横坐标显示。
for list in lists:
    label_list.append(list['_id'])
    num_list1.append(round(list['avgPrice'], 1))
    num_list2.append(list['MaxPrice'])


# 设置中文字体和负号正常显示
matplotlib.rcParams['font.sans-serif'] = ['SimHei']
x = range(len(num_list1))


#绘制条形图 :条形中点横坐标；height:长条形高度；width:长条形宽度，默认值为 0.8；label:为后面设
置 legend 做准备
    rects1 = plt.bar(x, height=num_list1, width=0.4, alpha=0.8, color='red', label="平
均租房价格")
    rects2 = plt.bar([i + 0.4 for i in x], height=num_list2, width=0.4, color='green',
label="最高租房价格")
    plt.ylim(0, max(num_list2))      # y轴取值范围
    plt.ylabel("价格")


#设置 x 轴刻度显示值；参数一：中点坐标；参数二：显示值
    plt.xticks([index + 0.2 for index in x], label_list)
    plt.xlabel("区域")
    plt.title("武汉地区租房价格")
    plt.legend()        # 设置题注


for rect in rects1:
    height = rect.get_height()
```

```
        plt.text(rect.get_x() + rect.get_width() / 2, height+1, str(height), ha="center",
va="bottom")
    for rect in rects2:
        height = rect.get_height()
        plt.text(rect.get_x() + rect.get_width() / 2, height+1, str(height), ha="center",
va="bottom")
    #显示条形图
    plt.show()
    #关闭数据库连接
    client.close()
```

9.3.2　HBase 实验代码清单

读取 MySQL 数据，并转存 HBase 代码文件 hbase_py.py，代码如下：

```
from thrift.transport import TSocket
from hbase import Hbase
from hbase.ttypes import *
import pymysql

# 打开 HBase 数据库连接
transport = TSocket.TSocket('10.90.4.33', 9090)
protocol = TBinaryProtocol.TBinaryProtocol(transport)
client = Hbase.Client(protocol)
transport.open()

#定义列族
cf1 = ColumnDescriptor(name='stuInfo')
cf2 = ColumnDescriptor(name='Grades')

#建立表结构
try:
    # 判断表是否存在
    tables_list = client.getTableNames()
    if "courseGrade" in tables_list:
        #如果表存在，则删除并重新建立表
        client.disableTable('courseGrade')
        client.deleteTable('courseGrade')
        client.createTable('courseGrade', [cf1, cf2])
```

```
    else:
        # 如果不存在，则创建表
        client.createTable('courseGrade', [cf1, cf2])
except:
    print("创建表失败！")


# 打开 MySQL 数据库连接
db = pymysql.connect("localhost", "root", "", "courseSel")
# 使用 cursor() 方法创建一个游标对象 cursor
cursor = db.cursor()
cursor1 = db.cursor()
# SQL 查询学生表信息
sqlStu = "SELECT * FROM studentInfo"
try:
    # 执行 SQL 语句
    cursor.execute(sqlStu)
    # 获取所有记录列表
    stuInfo = cursor.fetchall()
    for row in stuInfo:
        id = row[0]
        name = row[1]
        age = row[2]
        sex = row[3]
        #插入 HBase courseGrade 表的 stuInfo 列族
        mutations = [Mutation(column="stuInfo:name", value = name),
                Mutation(column="stuInfo:age", value = str(age)),
                Mutation(column="stuInfo:sex", value = str(sex))]
        client.mutateRow('courseGrade', str(id), mutations)


        #根据学号查询该学生所选课程的相关信息
        sqlCourse = "SELECT courseInfo.课程名,gradeInfo.成绩 " \
                "FROM studentInfo,courseInfo,GradeInfo " \
                "WHERE studentInfo.学号=GradeInfo.学号 " \
                "and courseInfo.课程号=GradeInfo.课程号 and studentInfo.学号='%d'"
%(id)
        cursor1.execute(sqlCourse)
        # 获取所有记录列表
        courses = cursor1.fetchall()
```

```
        for course in courses:
            courseName = course[0]
            score = course[1]
            # 插入 HBase courseGrade 表的 Grades 列族
            mutations = [Mutation(column="Grades:'%s'"%(courseName), value=str(score))]
            client.mutateRow('courseGrade', str(id), mutations)
        result = client.getRow('courseGrade', str(id))
        print(result)
except Exception as err:
    print(err)

# 关闭数据库连接
transport.close()
db.close()
```

参考文献

[1] 周立柱，范举，吴昊. 分布式数据库系统原理[M]. 北京：清华大学出版社，2014.

[2] 赵艳铎，葛萌萌. 数据库原理[M]. 5版. 北京：清华大学出版社，2011.

[3] Pramod J.Sadalage, Martin Fowler. NoSQL Distilled[M]. Amsterdam: Addison-Wesley Longman, 2013.

[4] 皮熊军. NoSQL 数据库技术实战[M]. 北京：清华大学出版社，2014.

[5] 倪超. 从 Paxos 到 ZooKeeper：分布式一致性原理与实践[M]. 北京：电子工业出版社，2015.

[6] 陆嘉恒. 大数据挑战与 NoSQL 数据库技术[M]. 北京：电子工业出版社，2013.

[7] 谢雷. HBase 实战[M]. 北京：人民邮电出版社，2013.

[8] 代志远，刘佳，蒋杰. HBase 权威指南[M]. 北京：人民邮电出版社，2013.

[9] 马延辉，孟鑫，李立松. HBase 企业应用开发实战[M]. 北京：机械工业出版社，2014.

[10] 范东来. Hadoop 海量数据处理：技术详解与项目实战[M]. 北京：人民邮电出版社，2016.

[11] 程显峰. MongoDB 权威指南[M]. 北京：人民邮电出版社，2011.

[12] 陈新. MongoDB 应用设计模式[M]. 北京：中国电力出版社，2015.

[13] Niall O'Higgins. MongoDB & Python[M]. Sebastopol: O'Reilly Media, 2011.

[14] 巨成，程显峰. 深入学习 MongoDB[M]. 北京：人民邮电出版社，2012.

[15] 周彦伟，娄帅，蒲聪. Learning HBase[M]. 北京：电子工业出版社，2015.